미국의 도시계획

도시계획의 탄생에서 성장관리전략까지

조재성 지음

한울
아카데미

이 도서의 국립중앙도서관 출판시도서목록(CIP)은 서지정보유통지원시스템 홈페이지(http://seoji.
nl.go.kr)와 국가자료공동목록시스템(http://www.nl.go.kr/kolisnet)에서 이용하실 수 있습니다. (CIP제
어번호: CIP2004001635)

머리말

'유연한 지역제' 혹은 '성장관리전략'으로 대표되는 미국의 현대 도시계획은 20세기 전환기 도시계획의 태동기만 해도 영국이나 독일 등 유럽으로부터 그 근간을 빌어왔지만 오늘날은 거꾸로 유럽은 물론 아시아 각국의 도시계획에 지대한 영향을 미칠 만큼 범세계적 위치를 구축하고 있다.

한편 일본 점령기에 일본에 의한 조선시가지계획령 이후 일본 도시계획의 영향권하에 있었던 우리나라도 1960년대 이후 도시계획의 혁신적 기법의 발원지라 할 미국으로부터 많은 영향을 받고 있다.

20세기 전환기에 진보의 시대를 배경으로 혁신적 사회제도를 정착시킨 미국의 도시계획은 근래에는 지속가능하고, 활력이 넘치는 도시를 추구하는 '뉴 어바니즘', '성장관리전략', '스마트 성장' 등의 일련의 도시계획기법은 세계 각국의 도시계획의 철학, 기법, 정책, 제도화 등 다방면에 걸쳐 영향을 미치고 있다 . 따라서 계획가의 관점에서 미국의 도시계획을 학문적으로 분석하고 체계화화여 해석하는 것은 우리나라의 도시계획기법의 개발과 발전을 위해서 매우 중요한 작업이라 하겠다.

이 책은 도시계획(지도교수: 고 윤정섭 교수님)과 도시설계(지도교수: 주종원 교수님)를 공부하던 대학원 재학시절을 거쳐, 20여 년 전 학부에서 건축을 전공하던 시절로부터 도시계획을 탐구하는 학자가 된 지금까지 내내 부딪혔왔던 '미국 도시계획의 실체는 무엇인가?' 하는 의문에 대한 탐구의 소산이다. 필자는 이 책에서 미국 도시계획의 발전과정을 체계적으로 설명하기 위해 도시계획의 발전상 중요한 계기가 된 사건과 제도의 성립을 중심으로 도시계획제도의 성립배경과 그 영향에 대해서 심층적으로 분석하고 기술하고자 했다.

그러나 원래 재능이 부족하고 공부가 부족한 터에 능력에 부치는 주제에 매달린 것 같아 걱정이 앞선다. 그리고 이 책에서는 미국의 주택과 재개발 그리고 1990년대 이후 새로운 동향인 뉴 어바니즘에 관해서는 다루지 못했다. 하지만 이 작은 결실이 새로운 발전의 밑거름이 될 거라는 생각에 부족함을 무릅쓰고 출간을 재촉했다.

그나마 필자가 이 책을 집필하게 된 계기는 2000년 미시간 주립대학에 교환교수로 있으면서 국내에서는 접할 수 없었던 미국의 도시계획에 관한 귀중한 문헌을 접하고 또 여러 차례의 미국 도시계획 관련 심포지엄과 세미나에 참가하면서 미국의 도시계획에 대한 대강의 윤곽을 그려볼 기회가 있었기 때문이다. 이 같은 기회를 갖게 해준 임길진 교수님(미시간 주립대학 석좌교수)에게 감사드린다. 임 교수님께서 특히 본인의 연구작업에 대해 격려와 용기를 주셨기 때문에 이 책의 출간이 가능했다고 생각한다. 그리고 미시간 주립대학 도서관 사서 톰(Tom)과 미국 도시계획의 체계에 대해 가르쳐준 미시간의 도시계획 및 지역제 센터

(Planning and Zoning Center) 소장 마크 위코프(Mark A. Wyckoff), 그리고 이스트 랜싱 시의 도시계획 업무를 담당하고 있는 도시계획가 오웬 (Robert A. Owen, Jr.)의 도움으로 본 연구의 기초를 다질 수 있었음도 이 자리를 빌어 밝혀둔다. 그리고 본 연구를 위한 학문적 훈련을 쌓을 수 있게 해준 토지이용연구회(한양대학교 명예교수 강병기 교수님과 서울대학교 환경대학원 최상철 교수님 공동지도)와 이론과 실천 연구회(서울대학교 명예교수 권태준 교수님 지도) 동학(同學)들의 넓은 이해와 후원에 대해 깊은 감사를 드린다. 그리고 본 원고의 초안을 읽고 원고의 방향과 체계에 대해 귀중한 조언을 해주신 임창호 교수님(서울대학교)의 관심에 다시 한 번 깊은 감사를 표한다. 그리고 교정, 교열작업을 도와준 송영일(서울대학교 박사과정) 선생의 노고와, 도면을 직접 제작해준 원광대학교 송경택 (원광대학교 석사과정) 군의 수고에도 심심한 감사를 표한다. 그리고 훌륭한 책을 만들어주신 도서출판 한울 김종수 사장님의 관대함과 편집진의 재능에 다시 한번 깊은 감사를 드린다. 그리고 일일이 밝히지는 않았으나 이 책의 집필에 직·간접적으로 도움을 주신 많은 분들의 격려는 결코 잊을 수 없을 것이다.

모쪼록 엄중한 지적과 꾸짖음으로 미흡한 이 책이 훌륭한 책으로 거듭나기를 기대해본다.

2004년 7월

조재성

차례

머리말 / 3

제1부 미국의 근대 도시계획

1. 미국 도시의 발달과 도시계획의 탄생 ································· 17
  1. 미국 도시의 발달 / 19
    1) 격자형 배치의 보급 / 19
    2) 도시화와 도시문제의 등장 / 21
  2. 도시미화운동 / 23
    1) 시립예술운동 / 23
    2) 도시미화운동 / 24
  3. 도시계획의 탄생 / 29

2. 지역제의 전개와 1916년 뉴욕의 종합지역제 ···················· 32
  1. 초기 지역제의 출현 / 33
  2. 독일 지역제의 영향 / 34
  3. 뉴욕의 1916년 종합지역제 / 37
  4. 종합지역제 조례 / 39
  5. 1916년 뉴욕의 종합적 지역제 조례의 내용 / 41

8

3. 표준주지역제수권법 ·· 44
   1. 표준주지역제수권법의 의의 / 45
   2. 양대 표준법 작성자들 / 47
   3. 지역제수권법의 법률적 내용 / 48
      1) 지방자치체의 권한 / 49
      2) 용도지역제의 기본원칙 / 50
      3) 일치성에 대한 요구 / 51
      4) 결정과 변경의 절차 / 51
      5) 지역제의 변경 / 52
      6) 지역제위원회 / 53
      7) 지역제조정위원회 / 54
      8) 집행과 구제 / 55
      9) 다른 법률과의 갈등 / 55
   4. 지역제의 제도화 / 56

4. 1926년 유클리드 판례 ·· 58
   1. 배경 / 59
   2. 유클리드 판결의 영향 / 63
   3. 유클리드 지역제의 특징과 문제점 / 64

5. 표준주도시계획법 ··· 66

1. 표준도시계획법의 내용 / 67

2. 표준도시계획법의 한계 / 68

   1) 용도지역제 조례와 종합도시계획 간의 혼란 / 69

   2) 도시계획의 단편적 채택 / 69

   3) 도시계획의 기술적 요소에 대한 정의의 결여 / 70

   4) 자치제 입법기구의 불신 / 70

3. 표준주도시계획법의 발전 / 71

4. '마스터플랜'과 용도지역제 / 72

5. 표준도시계획법과 용도지역제의 일치성 / 74

6. 일치성 논쟁 / 79

   1) 단일적 관점과 대체론 / 79

   2) 계획요소론 / 81

   3) 계획의무론 / 82

   4) 수평적 합치성과 요소성 / 82

7. 도시종합계획과 용도지역제 불일치의 논리 / 83

   1) 전체지역론 / 83

   2) 임시조례론 / 85

   3) 부분적 규제론 / 86

8. 마스터플랜의 복귀 / 86

제2부 현대 도시계획

6. 1961년 뉴욕의 지역제 ··· 91

1. 새로운 지역제 규제 / 92
2. 1961년 뉴욕 지역제의 내용 / 93
3. 인센티브 지역제, 역사지구와 개발권 이양, 계획단위개발 그리고
   택지분할규제 / 96
   1) 인센티브 지역제 / 96
   2) 개발권 이양과 역사지구 보존 / 98
   3) 계획단위개발 / 99
   4) 택지분할규제 / 101
4. 비유클리드 지역제의 특징 / 105
   1) 의의 / 105
   2) 인센티브 지역제의 내용과 문제점 / 105
   3) 개발권 이양의 내용과 문제점 / 107
   4) 특징 / 108

7. 토지이용규제의 새로운 동향 ·· 110

1. 마운트 로렐과 배타적 용도지역제 / 111
2. 혼합지역제 / 114

3. 수용 / 115

　1) 루카스 판결 / 115

　2) 돌란 판결 / 117

　3) 놀란 판결 / 119

8. 성장관리전략 ··· 121

1. 토지이용규제의 새로운 동향 / 122

2. 성장과 개발에 대한 태도 변화 / 125

　1) 라마포 프로그램 / 127

　2) 페탈루마 프로그램 / 131

3. 토지이용 규제의 조용한 혁명 / 133

　1) '토지이용규제의 조용한 혁명'의 의의 / 134

　2) 도시계획의 광역화와 중앙화 / 135

　3) 개발통제기제의 개선 / 136

　4) '조용한 혁명'의 전개 / 137

　5) '조용한 혁명'의 귀결 / 141

4. 성장관리전략 / 142

　1) 1980년대 성장관리의 전개 / 142

　2) 1980년대 주정부 성장관리 프로그램의 특징 / 145

5. 1990년대의 종합계획의 새로운 경향 / 148

6. 성장관리의 요소, 규제 내용, 문제점 / 150

1) 성장관리의 요소 / 150

2) 성장관리 프로그램의 개념 / 151

3) 성장관리의 규제 형태 / 154

4) 성장관리의 문제점 / 164

9. 각 주의 성장관리 계획 ·· 166

1. 오리건 / 167

2. 플로리다 / 171

3. 캘리포니아 / 173

4. 버몬트 / 179

10. 현대 도시계획의 특징과 의의 ···································· 183

1. 특징 / 183

2. 의의 / 185

참고문헌 / 188

찾아보기 / 192

<그림 차례>

<그림 1-1> 일리노이에 배치된 격자형배치의 예 / 22

<그림 1-2> 도시미화운동 시기에 작성된 시카고 중심부 계획도 / 27

<그림 1-3> 랑팡(L'Enfants)의 워싱턴 D.C. 행사장 설계 / 28

<그림 4-1> 앰블러 부동산회사 필지와 유클리드 마을 위치도 / 60

<그림 4-2> 앰블러 부동산회사 부지 주변의 용도지역 지정 상황 / 60

<그림 4-3> 앰블러 부동산회사 부지의 용도지역상황 / 61

<그림 6-1> 용도지역지정의 예(브루클린) / 94

<그림 6-2> 용도지역 지정의 예(스타텐 아일랜드) / 95

<그림 6-3> 시카고의 건축선 후퇴와 공지제공에 대한 용적률(FAR)
          프리미엄의 예 / 97

<그림 6-4> 역사적 건축물 보호를 위한 개발권 이양 사용의 예 / 99

<그림 6-5> 전통적인 필지단위 개발방식 / 100

<그림 6-6> 택지분할규제의 예 / 102

<그림 7-1> 루카스 부지와 해안선 변화 / 116

<그림 8-1> 도시성장경계 개념도 / 158

<그림 9-1> 캘리포니아 샌디에이고의 계층체계 / 174

<표 차례>

<표 2-1> 맨해튼 건축물 높이 / 38

<표 4-1> 유클리드 용도지역제의 허용용도 리스트 / 62

<표 8-1> 라마포의 점수체계 / 130

<표 8-2> 성장관리 채택사례(1970년대 말까지) / 132

<표 8-3> 규제의 형태와 목적 / 163

<표 8-4> 오리건 주 전역의 계획 목표 / 169

<사진 차례>

<사진 3-1> 표준주지역제수권법 원본 / 57

<사진 5-1> 표준주도시계획수권법 원본 / 75

<사진 6-1> 타마리스크 현재의 모습 / 103

<사진 6-2> 타마리스크 단지 내부 모습 / 104

제1부 미국의 근대 도시계획

1. 미국 도시의 발달과 도시계획의 탄생

　주지하다시피 미 신대륙에 오늘날과 같은 도시문명을 건설한 사람은 스페인, 프랑스, 영국, 네덜란드 등 유럽 각국에서 대서양을 건너온 유럽인들이었다. 식민지 초기, 이들 이주자들은 마을과 타운에 그들의 모국에서 사용되던 도시계획방식을 도입, 주거지와 공공 공간의 배치, 그리고 건축관련 규약들을 유럽 방식 그대로 적용했다.

　이들 이주민들은 18세기 말까지 동부 해안지대에 거주했다. 뉴욕, 보스턴, 필라델피아, 볼티모어 등 항구를 끼고 있는 동부 해안도시들은 유럽의 주요 생산기지에 원료를 출항시키는 중요 거점 역할을 하면서 성장해나갔다. 이렇게 초기 동부 해안지대를 중심으로 형성되어 발달하기 시작한 도시들은 차츰 내륙으로 확산되었다.

　'찰스톤'을 필두로 도시를 조성하는 혁신적인 기법이라 할 격자형 배치가 나타나기 시작했다. 격자형 배치는 효과적인 교통체계를 가능하게 하고 필지를 균등하게 사각형으로 나눌 수 있기 때문에 이후 미국에 정착한 이주민들이 타운을 건설할 때 토지를 구획하는 기술로 각광을 받았다.

그러다 18세기 들어 급격한 경제 성장과 대규모 인구의 유입으로 도시가 무질서해지고 환경이 불량해짐에 따라, 상류층을 중심으로 도시미화와 품위 있는 삶을 위한 문화의 필요성이 확산되기 시작했다. '도시미화운동'이 본격적으로 태동하기 전, 1876년 필라델피아에서 미국 독립 100주년 기념 국제 전시회를 기점으로 '질서 있는 도시환경'이 예술가들의 관심을 끌기 시작했다. 화가, 건축가, 조각가 등 예술가들은 시립 예술운동을 주도하여 도시를 아름답게 장식하자고자 하는 활동을 소규모 단위로 활발하게 전개했다. 이 운동은 도시미화운동의 자양분이 되었다.

그런가 하면 1853년 매사추세츠 주에서 시작된 '자치체 개혁운동'은 1870년대~1880년대 사이 뉴잉글랜드 지방에서만 약 50~60개의 자치체 개혁협회가 활동했을 정도로 인기가 높았으며, 1890년대에는 자치체 개혁운동이 미 전역으로 확산되어 도시미화운동의 출현을 재촉했다.

도시미화운동은 도시의 무질서한 성장 앞에서 도시에 새롭게 질서와 체계, 그리고 상징적 이미지를 부여하고자 전국적으로 전개된 운동이었다. 20세기 초까지 꽃을 피운 도시미화운동은 1893년 시카고에서 개최된 세계박람회 준비과정에서 정점에 달했다. 공원과 대로(大路)를 배치함으로써 시민이 휴식을 취할 수 있는 공간을 갖는 도시를 만들어내고자 했던 도시미화운동은 결과적으로 초보적인 형태의 도시종합계획을 처음으로 만들었다. 도시미화운동을 통해 종합계획을 선보인 미국의 도시계획은 도시계획 전국회의를 거쳐 미국도시계획협회(1917)가 창립될 때까지 견고한 발전을 이룩하게 된다.

1. 미국 도시의 발달

1) 격자형 배치의 보급

1600년대 초 북미대륙에 정착하기 시작한 유럽인들 사이에 근거리 교역과 산업의 거점들이 형성되기 시작했다. 이것이 오늘날과 같은 미국의 도시와 마을들로 발전하게 된다. 도시와 마을이 형성되고 성장하면서 미국도시의 물리적 특징으로 꼽을 수 있는 격자형 배치가 광범위하게 사용되었다. 그 중에서도 1672년에 찰스톤에서 격자형 형태의 타운이 형성되기 시작하고, 필라델피아는 윌리암 펜(William Penn, 1644-1718)이 1681년에서 1683년 사이에 자신의 광활한 소유지에 계획적인 타운 필라델피아를 건설하였다.

1733년 사바나에서는 넓은 공개공지를 갖춘 발전된 형태의 격자형 블럭이 출현했다. 18세기부터는 도시를 건설할 때 '격자형'으로 배치하는 방식이 확산되어 피츠버그, 신시내티, 렉싱턴, 루이지 빌, 세인트 루이스 시에서도 중심부는 격자형 배치로 건설되었다. 이 같은 격자형으로 배치된 블록의 건설은 동부 해안에서 애팔래치아 산맥을 넘어 내륙으로 전파되어갔다.

격자형 배치가 빠르게 확산된 이유는 도시 내 어느 곳이나 일정한 크기의 부지, 일정한 가로폭으로 블록 모서리 땅에서도 건축이 편리하고, 토지 거래가 용이하다는 등의 장점이 인정되었기 때문이다.

격자형 배치에서 보이는 곧게 뻗은 도로는 도시적 질서와 함께 도시성을 상징하게 된다. 그리고 구부러진 길은 농촌이고 직선 거리는 도시라는 이미지를 창출했다.

1791년 프랑스인 랑팡(Pierre Charles L'Enfant, 1754-1825)은 유럽의 귀족적인 바로크 풍의 도시 요소들을 수도 워싱턴(Washington D.C.)의 도시계획안을 수립하는 데 적용했다. 수도 워싱턴 계획은 방사형 계획으로 필라델피아의 격자형 체계와는 다른 배치였다. 랑팡의 수도 워싱턴 D.C. 계획은 당시 가장 큰 규모였던 필라델피아보다 9배나 큰 거대 도시계획이었다(Peterson, J. A, 2003: 10). 워싱턴 D.C. 계획의 성공으로 격자형 배치 위에 대각선으로 도로가 뻗어나가는 바로크 스타일의 계획이 유행처럼 뒤를 이었다.

버팔로(1804), 디트로이트(1805), 인디애나폴리스도 중심에 초점을 두고 격자형 가로망 위에 대각선으로 뻗어나가는 가로망 계획을 채택했다. 그러나 1811년 뉴욕 시는 효율적이며 지형에 구애받지 않고, 확장의 편리, 조성비용의 저렴 등의 이유로 격자형 가로망 체계를 제안했다(Eisner, G., 1975: 49). 격자형 배치를 대대적으로 도입한 뉴욕의 가로망 체계는 앙팡의 수도 '워싱턴 계획'에 필적하는 것이었다(윤정섭, 1987: 359; 김철수, 2000: 261; 김흥규, 2004: 304).

펜실베이니아 주의회(1891)는 모든 자치체에 대해 가로망 계획을 수립할 것을 요구했다. 메릴랜드 주는 전 도시에 대해 가로망 계획을 수립하도록 하는 수권법(1893)을 제정했다. 메릴랜드에서는 가로망 계획에 일치하지 않는 도로의 건설은 허용되지 않았다(Sutcliff, A., 1981: 92-93). 따라서 격자형 배치는 제1차세계대전 이전까지 미국 도시의 물리적 구조를 결정하는 방식으로 대세를 점했다.

2) 도시화와 도시문제의 등장

1840년대 이후 농업경제에 기반을 둔 농산물 수출교역지 역할을 하는 대도시들이 출현하면서 도시간의 체계가 매우 빠르게 형성되기 시작했다. 동부 연안의 뉴욕, 보스턴, 필라델피아, 볼티모어 등의 항구를 갖춘 도시들이 유럽의 산업 중심지와 주요 시장을 연결하는 체계를 형성하고 있었다. 19세기 초부터 주거지가 서쪽으로 팽창하기 시작했다. 또한 산업화를 통해 제조업이 동쪽에서 서쪽으로 확산되었으며 유럽 이민자가 도시에 정착하는 속도도 빨라졌다. 예컨대 1870년대부터는 중서부 지역의 도시, 특히 시카고와 같은 도시들이 동쪽 해안부의 도시들과 경쟁하면서 빠르게 성장했다. 도시 기반산업에 대규모 자본이 유입되면서 산업이 급격하게 성장하였고 이에 따라 노동력 부족현상이 나타났다 (Sutcliff, A., 1981: 89).

새로운 도시를 건설하려는 노력은 19세기 후반부터 나타난 급격한 사회·경제적 환경의 변화와 기술의 발달과 깊은 관련이 있다. 19세기 들어 증가하기 시작한 도시화와 증기선, 기차의 도입에 따른 대중교통 수단의 비약적인 발전은 급격한 인구의 이동을 가져왔고, 도시로의 인구집중은 도시 중심부에 열악한 거주환경을 출현시켰다.

대도시의 중심부에는 빈곤지역이 밀집해서 형성되었으며 특히 항구 도시와 산업도시에서는 그 정도가 더욱 심각했다. 도시 중심부에 형성된 빈민지구는 과밀한 인구와 불량한 주거상황으로, 빈곤을 물리적으로 표현하였다.

뉴욕과 보스턴에는 이민자 임차인 주거단지가 등장했다. 1880~1890년 사이에는 도시 중심부에 슬럼화가 진행되었다. 한편 도시 부동산 소

<그림 1-1> 일리노이에 배치된 격자형배치의 예

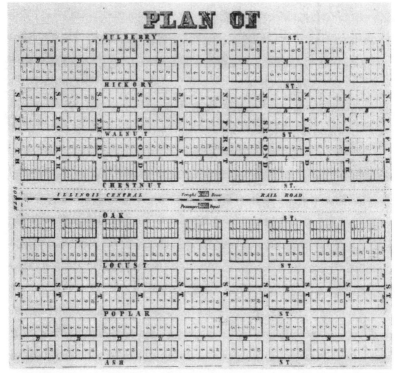

· 1850년대 말 일리노이 중앙철도를 따라 세워진 격자형 배치계획. 블록에 번호가 매겨져 있다.
· 출처: Peterson J. A.(2003: 8).

유자들은 높은 임대료를 통해 많은 이윤을 얻을 수 있었다. 반면에 도시
하층 임차인들의 거주지는 결코 양호한 환경이 아니었다. 뉴욕의 '임차
인 주택위원회(The Tenement House Commission, 1894)'에 따르면, 당시 뉴
욕 인구의 5명 중 3명은 하층계급이었다고 한다(Hall, P., 1988: 34).

도시 하층계급에게도 쾌적한 주거공간, 자연채광과 맑은 공기, 여유
로운 가정생활과 청결은 필요했다. 뉴욕과 시카고를 포함한 다른 10여

개의 도시에서도 이민자들의 주거사정은 동일했다. 사회학자이면서 도시계획가인 페리(Clarence Perry, 1872-1949)는 이민자들의 사회적 통합과정에 물리적 계획과 설계가 크게 영향을 미친다는 사실을 뉴욕의 포레스트 힐스 가든(Forest Hills Garden)을 조사하면서 발견했다(조재성, 1996: 82; 강동진, 2003: 388). 페리는 20세기 현대 도시계획에 가장 크게 영향을 미치는 이론 중의 하나인 근린주구이론을 1923년 발표한다. 그리고 사회학자인 로버트 파크(Robert E. Park, 1864-1944)와 그의 동료 버지스(Ernest W. Burgess)도 1920년대경 시카고 시를 대상으로 이민자들의 도시 내 주거지 입지행태에 대해 조사하고, 분석했다.

19세기 말부터 20세기 초에는 주요 도로망이 전국적으로 형성되면서, 도시 외곽부에 상업·산업기능이 입지하게 되어 지가(地價)가 앙등(昂騰)하기 시작했다. 결과적으로 도시 주변부로의 주거지 개발이 진행되어 외연적 확장이 나타나게 되었다.

도시로의 인구집중과 도시규모가 성장함에 따라 사회적 무질서도 증가하였고, 그에 대한 반응으로 물리적 환경을 재편하려는 사회개혁의 열망이 솟구쳤다.

2. 도시미화운동

1) 시립예술운동

19세기 말 도시를 개혁하고자 하는 정신은 여러 가지 모습을 띠고 나타났다. 지자체 개혁, 공중위생, 고용통제, 임차인 주택법 등의 도시를 개조하고자 하는 사상이 등장했다.

미국에서 도시를 개조하려는 사회적 노력은 20세기 초에 그 절정에 도달했다. 도시미화운동은 1890년대부터 무르익었다. 도시미화운동 이전에 '아름다운 도시 만들기' 운동이 조각가, 화가, 건축가 등을 중심으로 미 전역으로 빠르게 확산되고 있었다. 그러나 이 시기의 '아름다운 도시 만들기 운동'은 도시 전체를 대상으로 하는 대형 설계 프로젝트가 비실용적이고 이상주의적이라는 이유로 소규모의 실현 가능한 프로젝트를 추구했다. 따라서 종합계획의 형태를 갖춘 것은 아니었다. '아름다운 도시 만들기 운동'은 시립예술운동의 형태로 나타났다. 1893년 3월 건축가, 조각가, 화가 등 예술가를 중심으로 '뉴욕 시립예술회'가 결성되며, 그 뒤를 이어 1899년까지 신시내티(1894), 시카고, 클리블랜드, 볼티모어에서 설립되었다(Sutcliff, A., 1981: 97). 이 운동은 도시의 광범위한 주제들 가로등, 공원, 문화회관 건설 등에 이르기까지 다양한 주제에 대해 참신한 제안을 했다. 예술가들의 협동작업에 의한 '아름다운 도시 만들기' 시립예술운동은 '도시미화운동'의 출현을 재촉했다(Peterson, J. A., 2003: 69).

2) 도시미화운동

번햄은 1880년대와 1890년대에 시카고의 고전 스타일의 초기 고층건물들을 설계했고, 1893년에는 시카고에서 개최된 세계무역박람회 건설을 맡아 '도시미화운동'을 주도하면서 종합계획을 등장시켰다. 프레드릭 옴스테드(Frederic Law Olmstead, 1822-1903)는 시카고 세계무역박람회에서 '보자르 식' 설계방식을 채택해서 긴 가로수 길을 배치하고 건물

표면을 유광의 백색으로 처리했으며, 동상의 배치도 자유롭게 했다.

'도시미화운동'은 기존 도시를 개선하고 외관의 아름다움을 부각시키기 위해 도시계획이 필요했다. 이와 같은 형태의 대표적인 예가 다니엘 번햄(Daniel Burnham, 1846~1912)이 계획한 '시카고 계획(Plan for Chicago, 1909)'이다. 번햄은 도시설계를 위해서는 개발에 대한 규제가 필요하다고 강조해왔다. 번햄은 '도시미화운동'의 설계 및 계획적 요소에 대한 아이디어를 '시카고 계획'에서 풍부하게 제시했다. 그 중에서 도시 내부와 외곽에 배치한 방대한 공원체계, 도시공원, 놀이터 그리고 23마일에 이르는 호수변 공원 등이 그의 아이디어를 극명하게 보여준다. 이어서 방사형과 대각선형의 간선도로를 연결하는 가로망 체계를 수립했고, 도심에 입지한 철도역 단지, 박물관 복합단지, 대규모 광장을 끼고 도시 전체를 조망할 수 있는 돔형의 탑을 가진 시청사도 종합적으로 '시카고 계획'에 들어 있다. 결국 '도시미화운동'은 종합계획의 시초로 자리매김 된다고 할 수 있다(윤정섭, 1987: 359; 조재성, 1997: 58; 서충원, 2003: 368).

'도시미화운동'을 통해 얻어진 또 다른 성과는 공원체계를 조성해서 열악한 환경 속에 살고 있는 시민의 도덕심을 향상시키기 의한 수단으로 활용하고자 했다는 것이다. 프레드릭 옴스테드는 1858년 현상설계에 당선된 뉴욕 센트럴 파크 설계를 비롯한 여러 도시의 대공원 설계를 통해 이와 같은 신념을 실천했다. 그리고 그는 '시카고 계획'에 번햄의 조수로 참가하고 도시미화운동의 형성에 크게 영향을 미친다. 센트럴 파크 조경기사였던 조지 케슬러(George E. Kessler)는 신시내티 공원위원회의 설계기사로서 '소수의 공원을 넘어선 큰 공원체계(1883)'에 대한 보고서를 완성하였다. 케슬러는 이 보고서에서 도시의 지형, 교통 패턴, 인구밀도의 증가, 공업지와 주택지의 현황과 장래의 전망 등을 상세하

고도 종합적으로 파악해서 공원체계를 수립했다. 신시내티는 당시 공원
도로 14.48km에 공원면적이 1,224평에 불과했으나, 케슬러가 채용된
이후 1917년에는 202.73km의 공원도로를 갖추게 되었다. 그는 지형,
수로, 자연경관과 도시구조를 역동적으로 파악해서 교통체계를 수립하
고 공원을 도시의 중심상가와 하천변에 배치하여 '공원 그 자체가 도시'
가 되도록 설계하고 공사를 추진하였다.

1901년 제임스 맥밀란(James MacMillan) 상원위원은 '공원체계'를 연
구하기 위한 위원회를 조직했는데, 위원장에 임명된 번햄은 곧바로 옴
스테드와 건축가 찰스 맥킴(Charles Mckim), 그리고 조각가 고딘(August
St. Gaudens)으로 3인의 위원회를 조직하고 이들과 함께 모델이 될 만한
아름다운 유럽의 도시들을 답사했다. 번햄은 수도 워싱턴을 기념비적이
고 상징적인 모습을 갖는 특별한 도시로 만들었다. 유럽 방문의 결과 원
래 랑팡의 개념이었던 몰의 폭을 2배로 늘린 244m가 되도록 하고 포토
맥 강변의 침수지를 개간했으며, 2개의 커다란 공원이 교차하도록 했다
(Hall, P., 1988: 178). 그것은 '보자르' 식 설계방식을 그대로 차용한 것이
었다.

1905년에서 1909년 사이에 미국의 38개 도시에서 도시계획 보고서
가 출간되면서 총체적 도시개발을 위한 종합계획이 쏟아져나왔다. 그
중 번햄은 도시와 관련된 모든 주요 아이디어를 통일된 하나의 거대한
도시개념으로 융합시켜 미국 도시계획사에 한 획을 그었다.

번햄의 '시카고 계획'(1909)은 미국 도시계획에서 손꼽히는 훌륭한 작
품으로 평가된다. 그는 '시카고 계획'에서 도심에 비중을 두면서 업무지
구가 도심에서 외곽으로 자연스럽게 팽창하도록 배치했다. 번햄은 유럽
도시와 비교하면서 '시카고 계획'을 소개했다. 그는 시카고에서 수행해

<그림 1-2> 도시미화운동 시기에 작성된 시카고 중심부 계획도

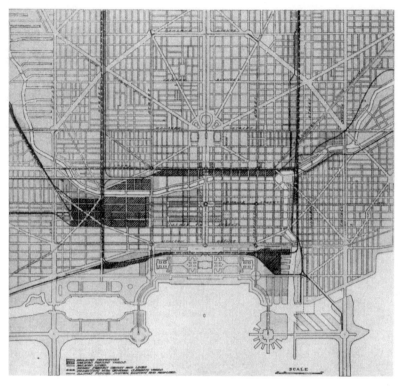

· 시카고 중심부의 철로와 터널, 그리고 도로망 체계가 보인다.
· 출처: Daniel H. Burnham and Edward H. Bennett, edited by Charles Moore(1993: 69).

야 할 작업은 오스망이 파리에서 한 작업과 유사하다고 주장하며 도시미화를 위한 투자에 인색하지 말아야 한다고 주장했다. 예를 들면, 나폴레옹 3세의 도시미화는 훌륭한 투자였으며 고대 아테네에 대한 페리클레스(Pericles)의 투자는 지금까지 여행객을 끌어들이고 있는 만큼 가치있는 작업이었다고 주장했다(임창호 역, 1996: 215; Hall, P., 1988: 180).

번햄은 가치불멸의 '큰 계획을 만들어라(Make no little plan)'라는 구호

<그림 1-3> 랑팡(L'Enfants)의 워싱턴 D.C. 행사장 설계

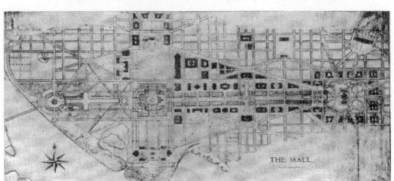

·출처: Peterson, J. A., 2003: 95.

를 실현한 '도시미화운동'의 개척자였다. 번햄의 시카고는 미국인들이 전에는 결코 본 적이 없는, 상인이 제왕인 귀족적인 상업도시였으며, 그의 계획은 이후 수많은 도시개발전략에 지대한 영향을 끼쳤다. 그럼에도 불구하고, 그의 도시종합계획안에는 근본적인 모순이 내재되어 있었다. 그것은 도심 부동산의 과잉개발을 유도해서 건물공실과 체증을 유발했다는 점이다.

건축양식사 측면에서 살펴보면 '도시미화운동'은 지나치게 '신고전주의'를 추종함으로써 건축에서 기능적 측면을 말살시킨 감은 있으나 도시를 정교한 예술품으로 구현할 수 있다는 이상을 보여준 점에서는 큰 의의가 있다(이규목, 1988: 246).

도시미화운동은 도시계획이 동시대가 안고 있는 사회문제를 진보적으로 해결하는 데 가장 효과적인 방법임을 증명했다. 20세기 들어와 미국사회는 '사회정의'를 실현하고, '사회복지'를 확충하기 위해서 도시에 새로운 물리적 시설의 건설이 시급한 과제였다. 또 인구, 교통, 주택, 위생 등에 관한 여러 가지 제도적 장치와 규제방안의 필요성이 인정되었고, 이 같은 작업을 수행할 도시계획전문가의 중요성이 대두되었다. 실제로 도시를 조사하고 계획하며 개조하고 건설하는 방법을 제시하는 도시계획 전문가 집단이 도시미화운동을 거치면서 출현했다.

도시미화운동이 미국의 도시계획에서 매우 중요한 기구인 '도시계획위원회'가 만들어지는 데 큰 영향을 미쳤다. 나중에 일반 시민이 참가하는 '도시계획위원회(Planning Commission)'와 전문가들이 위원으로 임명되는 '지역제위원회(Zoning Commission)'는 법률에 근거해서 구성하게 된다. 그 이후 미국의 지방정부에서는 '도시계획위원회'가 있으면 '지역제위원회'의 기능을 대체하도록 하였다. 이렇듯 도시미화운동은 미국의 도시계획을 탄생시킨 모태역할을 하였다(조재성, 1997: 61).

3. 도시계획의 탄생

또한, '도시미화운동'이 미국 도시계획사에 기여한 공로는 도시종합계획의 출현에 밑거름이 됐다는 점을 지적할 수 있다. 그리고 '도시미화운동'을 경험하면서 도시계획의 작성이 촉진되었고 더 나아가 '도시 만들기 학문(Science of City Making)'이 제안되었다.

1909년 5월 워싱턴 D.C.에서 열린 '제1차 도시계획 전국회의(The First National Conference on City Planning)'에서 일부 도시계획가와 사업가들은 '유토피아'의 건설에는 막대한 자금이 필요하다는 사실을 깨달았다. 이 회의에서 '도시계획'이라는 용어는 '도시미화'의 인기를 압도했다. 이로써 '도시미화운동'의 열기는 수그러들었다. 옴스테드는 '제1차 도시계획 전국회의'에서 도시계획의 역할을 평가하는 데 중요한 역할을 했다. '도시미화운동'은 번햄이 전혀 관심을 갖지 않았던 주제인 '지역지구제'를 중심으로 하는 '기능적 도시계획운동'에 자리를 내주었다.

1910년 뉴욕 로체스터에서 열린 제2차 '도시계획과 인구과밀회의(National Conference on City Planning and Population Congestion)'에서 '도시종합계획'의 중요성이 채택되었고, 도시계획은 '도시미화운동'의 계승자임을 분명히 했다. 이 제2차 회의에서 옴스테드는 도시계획을 바라보는 폭넓은 관점을 제안했고, 제2차 회의는 도시계획의 연구와 토론을 위한 포럼이라는 옴스테드의 철학을 수용했다. 그 이후 대위원회의에서 공식적으로 제2차 회의 공식 명칭을 '도시계획 전국회의(National Conference on City Planning)'로 결정하고, 옴스테드를 의장으로 선출하였다.

옴스테드는 선출된 공무원에 의해 자치체의 개발에 관한 결정이 이루어지도록 하는 합리적인 정책문서로서의 도시계획을 강조했다. 놀랍게도 그의 도시계획에 대한 개념은 마치 오늘날의 도시계획을 예언한 것 같았다.

1911년 필라델피아에서 열린 '제3차 도시계획 전국회의(Third National Conference on City Planning)'에서 옴스테드의 주도하에 '도시의 여러 요소들은 상호 연결되어야 한다'는 원리와 '최상의 공익추구는 도시계획의 틀 속에서 가능하다'는 신념을 결합한 도시계획이 탄생했다(Peterson, J. A., 2003: 259).

1912년 번햄이 사망한 이래 미국의 도시계획운동은 '도시미화운동'에서 '효율적인 도시기능의 추구'로 전환했다. 도시계획에서 사회 대개혁이라는 명제는 사라지고 도시를 시스템과 조직 모델이라는 측면에서 연구하였으며 현실 파악과 문제 해결을 위한 여러 가지 분석기법과 기술들이 등장했다(이규목, 1988: 254).

　도시계획은 도시의 상수 공급, 하수 처리, 공원, 도로 등의 다양한 활동을 통일한 종합계획과, 사업으로 수행하여 도시의 물리적 형태를 만들어내는 영역으로 전문화되기 시작했다. 도시계획은 '도시계획안 작성'이나 '도시미화'에서 한걸음 더 나아가 미국 도시계획사에서 일찍이 찾아볼 수 없었던 시민을 위한 '공익에 기반한 도시계획'이라는 새로운 전망을 세우게 되었다.

2. 지역제의 전개와 1916년 뉴욕의 종합지역제

지역제는 20세기 초부터 본격적으로 도시 내 토지이용을 규제하는 수단으로 시작했다. 그 이후 지역제는 토지이용규제의 핵심적인 수단으로 남아있다. 1916년 뉴욕의 종합적인 지역제가 등장하기 이전에도 지역제가 사용되고 있었다. 이전의 토지이용규제는 용도만을 규제하거나 또는 높이만을 규제하는 등의 단편적인 규제조치였으며, 또한 차별적인 규제내용도 담고 있었다.

1916년 뉴욕에서 채택한 지역제 규제체계는 용도, 면적, 고도를 동시에 하나의 시스템에서 규제하는 종합적인 방식이다. 그래서 뉴욕의 1916년 종합지역제 결의는 도시계획의 역사에서 중대한 사건으로 기록된다. 오늘날에는 초기의 종합적인 지역제의 내용에서 많이 이탈하여 유연적 지역제를 채택하거나 또는 협의에 의해 지역제를 결정하는 방식이 사용되는 등 많은 점에서 변했다. 뉴욕의 종합지역제의 성립과 유클리드 판결에 의해 합헌성을 획득한 지역제 수법은 오늘날에도 미국뿐만 아니라 독일, 일본, 한국 등 세계 각 국에서 사용하고 있다. 본 장(章)에서는 먼저 지역제의 출현과 전개과정에 대해 간략하게 살펴본 후 뉴욕의 1916년 종합 지역제에 영향을 미친 독일의 지역제를 설명한다. 마지막으로 뉴욕의 종합지역제 조례의 내용을 살펴본다.

1. 초기 지역제의 출현

북미 대륙은 영국의 식민지 시대부터 도시를 건설할 때에는 토지이용규제를 받았다. 예를 들면 1632년 1월 매사추세츠 주의 케임브리지 시에서 통과된 조례에는 도시 내 공터가 개발될 때까지 도시 외곽부에 어떤 건축물도 건립할 수 없다는 내용이 담겨 있었다. 그러다가 19세기 후반 경부터 '용도지역제'가 근대 도시계획의 규제수법으로 산발적으로 등장했다.

1891년 미주리 주에서는 대로(大路)에서 특정 사업을 금지시킬 수 있는 법률이 제정됐다. 그 이후 1893년 세인트루이스에서는 의류산업을 금지하는 특정지구를 지정했다. 1898년 매사추세츠 주 보스턴 시에서는 코플러 광장 주위의 건물 높이를 제한하는 법률을 통과시켰다. 그런가 하면 1904년에는 보스턴 시 전역에서 이와 같은 고도 규제가 확대 시행됐다. 이 법은 도시 전역에서 24.4m로 높이를 제한했으며, 상업 및 업무지역에 대해서는 약 38m까지 허용했다.

1880년대 캘리포니아 주의 각 시에서는 중국인들을 격리시키기 위해 세탁소의 입지를 규제하는 조례를 마련했으며, 이러한 규제조치는 지역분리의 발단이 되었다. 1889년에는 수도 워싱턴에서 고도제한을 시작했

으며, 1909년 로스앤젤레스는 도시를 공업지구와 주거지구로 나누는 조
례를 채택했고, 캘리포니아 법원은 주거지구에서 세탁소를 금지하는 조
례를 지지했다. 샌프란시스코 시는 백인에게는 허용하는, 목조건물로 지
은 세탁소를 중국인이 운영할 때에는 금지했다. 또한 미 대법원은 입지
상황에 따라 이를 차별적으로 허용했다. 이처럼 법원은 사안별로 다른
결정을 내림으로써 신뢰성을 실추시켰다. 공업지구에서는 안전이 규제
의 가장 중요한 근거인데, 백인이 운영하는 증기 세탁소는 '점적지역제
(spot zoning)'라는 궁색한 비책으로 허가했으나, 중국인이 운영하는 수동
식 세탁소는 금지하였다.

　1920년 로스앤젤레스는 이러한 규제를 법제화했으며 '배타적인 단독
주택지역'이 신설됐다(Juergensmeyer, J. C. and Roberts, T. E., 1998: 42-43).
이러한 사례들로 보건대 초기 지역제는 시 전역을 규제의 대상으로 삼
았지만, 특정 용도에 한정되는 등 부분적 지역제의 성격을 띠고 있었다.

2. 독일 지역제의 영향

　초기 독일의 도시계획가들은 지가상승에 따른 주택문제를 '용도지역
제'를 통해 해결하려고 했다. 1850년대와 1860년대 독일의 개혁사상은
협동주택조합의 설립을 통해 노동자에게 품위 있는 주택을 공급하고자
했다. 독일에서 '용도지역제'는 도시계획가가 수립한 토지이용 지침체
계에 입각한 도시 하부구조의 공급과 도시확장계획에 따른 주거단지의
계획적인 개발을 위해 밀도를 규제하는 주택개혁의 수단으로 이해되었
다. 도시계획에 따라 건축물을 제한하고 그 제한을 통해 부동산은 기존

가치를 보존하고자 했다. 그러나 도시 전역에 대한 동일한 제한조치의 적용은 오히려 도시를 혼란과 무질서에 빠뜨릴 것이 자명했기 때문에 각 지역에 적합한 제한체계를 만드는 것이 과제로 떠올랐다.

독일의 지역제 조례는 고밀도 개발에 의한 지가상승이라는 경제적 이익의 실현과 저밀도 주택의 보호라는 상충되는 욕구간 타협의 역사적 산물이었다. 또한 지역제는 밀도 규제 이외에도 신 개발지를 통제하는 측면을 갖고 있었다. 따라서 독일의 도시계획가들은 택지분할계획으로 신 개발지를 규제하기도 했다. 지역제를 처음으로 체계적으로 적용한 사람은 바우마이스터(Baumeister)였다. 그는 합리적인 형태를 지원하고, 격려하기 위한 수단으로 건축물 블록의 규모와 폭, 가로망의 위치를 조절하고자 했다. 프랑크푸르트 시장인 아디케스(Erich Adickes, 1866-1928)는 1891년 지역제를 도입, 가로폭에 따른 고도규제와 최소 공개공지 등의 규정을 시 전역에 적용했다. 또한 바우마이스터는 프랑크푸르트 시에 지가경사에 따라 밀도지대를 지정하였다(조재성, 2004a: 413).

지역제는 공해용도의 분리, 주택밀도의 감소, 부동산 가치의 안정, 합리적인 공공 서비스를 제공하리라는 기대를 모았다. 따라서 독일 프랑크푸르트에 적용된 지역제 시스템은 이후 독일의 다른 지역들과 스위스, 스칸디나비아 각 국으로 전파되었다. 한편 베를린에서도 지역제가 실시돼 부유층을 위한 넓은 필지를 갖춘 농가주택지역을 지정했는가 하면, 근로자를 대상으로 한 소형주택을 건설할 때는 높은 건폐율이라는 인센티브를 제공받았다. 1916년 뉴욕 지역제를 주도한 바세트(Edward Charles Bassett)는 1908년 독일 뒤셀도르프에서 개최된 도시계획 전시회를 둘러보고 큰 감명을 받았다. 뉴욕으로 돌아온 그는 1909년 워싱턴 D.C.에서 열린 제1차 도시계획 전국회의에 참가한 뒤, 뉴욕 맨해튼의 초고층 건물의 등장과 이로 인한 채광과 환기문제, 그리고 만성적인 교통체증을 해결하기 위해서는 건물의 높이와 규모를 제한하는 지역제를 채택할 것을 주장했다. 이후 그의 주도로 1916년 뉴욕의 '용도지역지구계획'이 작성되었다.

미국 지역제와 독일 지역제의 차이는 용도분리의 성격이 크게 다른데 있다. 독일에서는 택지분할계획으로 용도에 따른 택지의 분리가 대부분 가능했기 때문에 배타적인 용도지구의 창출이 필요치 않았다. 따라서 독일에서는 용도분리가 지역제의 일차적인 목적은 아니었다.

그러나 뉴욕의 조례로 규정된 업무지역의 건축선 후퇴에는 특정 인종집단을 분리하려는 동기가 숨어 있었다. 그리고 독일에서는 세탁소를 분리하자는 요구는 없었다. 그러나 미국 지역제의 용도분리는 세탁소와 같은 공해산업을 배제하여 높은 수준의 주거환경과 상업용도 지역을 보호하는 데 관심이 있었다. 또한 미국의 지역제에는 상업용도의 상세한 세분화는 없었지만 배타적인 주거지역이 지정되어 있었다. 즉 1916년 뉴욕의 지역제에는 이미 배타적인 주거지구가 등장해 있었다.

1920년 로스앤젤레스는 '배타적인 단독주택지구'를 채택했다. 미국에서 이처럼 배타적 용도분리가 빠르게 확산된 데는 개발지역의 동질성을 유지하여 부동산 가치를 보전하려는 인식이 뒷받침되었기 때문이다 (Thomas, June M. and Ritzdorf, Martz, 1997:12).

이와 같이 독일에서 주택개혁을 위해 마련한 차별적 건축규제인 지역제가 뉴욕에서는 계층분리를 위한 차별적 건축규제로 변질되어 주거지의 사회·경제적인 분리에 이용되었다. 그 결과 주거지역에서 공해산업을 배제한다기보다는 오히려 단독주택지역을 배타적으로 조성하여 고도의 주거수준을 갖춘 주거환경을 유지하는 데 관심이 있었다. 뉴욕이

지역제를 채택한 후 종합적인 형태의 지역제는 배타적인 성격을 제거하지 못한 채 미 전역으로 보급되기 시작했다.

3. 뉴욕의 1916년 종합지역제

  뉴욕 맨해튼의 이민자의 증가로 부동산 수요가 증가하고 맨해튼에서 공급할 수 있는 토지는 부족해지자 건축물이 과밀하게 세워지기 시작했다. 그리고 건축기술이 발달함에 따라 초고층 건축물이 등장하면서 토지이용규제가 시급해졌다. 1913년까지 맨해튼의 건축물 평균 높이는 4.8층이었다. 건축물의 90%는 6층 이하였다. 10층 이상은 1,048개 동이었다. 17층 이상은 90개 동, 20층 이상은 51개 동, 30층 이상은 9개였다(<표 2-1> 참조).
  그러나 맨해튼에서 건축물이 고층화되면서 위험도 그만큼 증가하고 새로운 문제를 야기했다. 예컨대 화재가 발생할 경우 이전과는 비교도 안 될 심각한 문제가 발생했다. 재난이 발생될 때 고층건물이 밀집한 구역 내 거주자들이 안전하게 거리로 피신하는 것이 중요한 과제로 제기되었다. 그리고 차량교통, 보행, 지상교통수단 등의 안전한 대피를 위한 가로폭이 보장되어야 했다. 따라서 초고층건축물에서는 일반적인 재난 상황에서 필요한 최소한의 대비책 이상이 요구되었다.
  고층건물이 도심에 집중되면서 채광과 환기를 방해했다. 실례로 1915년 브로드웨이 120번지에 건축된 이퀴터블 빌딩이 42층 높이까지 치솟으며 인접 부동산에 8,568평 크기의 그림자를 드리움에 따라 주변의 토지가치를 하락시켰다.

<표 2-1> 맨해튼 건축물 높이

층수	건물수	층수	건축물수
1	4,598	18	16
2	3,708	19	13
3	5,232	20	11
4	22,526	21	18
5	25,425	22	10
6	21,576	23	3
7	6,774	24	3
8	1,259	26	6
9	413	27	2
10	193	32	1
11	208	33	2
12	150	34	1
13	464	38	1
14	47	40	1
15	27	41	1
16	30	51	1
17	31	55	1

·총 건축물수: 92,749
·출처: 뉴욕 시 평가 및 기획국, 「건축물 위원회의 높이에 관한 보고서」, 1913, 15쪽;
   Board of Estimate and Apportionment of the City of New York, 1913; *Report of the Heights of Buildings Commission*

1916년 뉴욕 시 종합지역제 조례는 이와 같은 맨해튼 5번가에서 일어나고 있던 급격한 변화를 멈추고자 한 노력의 소산이었다. 1916년 뉴욕 종합지역제가 결의된 배경에는 소매상인, 호텔 경영인, 부동산 소유자, 투자가, 금융대출업자, 부동산 개발업자들의 조직인 '5번가 협회(The

Fifth Avenue Association)'가 있었다. 협회는 32번로(32nd Street)와 5번가 (5th Avenue)의 교차지점에서 5번가가 뻗어나가는 지역에 상류층을 위한 고급명품 쇼핑지구의 이미지를 정착시키고자 하였다. 5번가 상인들은 이민자들에 의한 상권의 잠식을 막기 위해 용도지역제를 지원했다. 즉, 뉴욕 종합지역제의 목적은 상업지구의 부동산가치의 하락을 방지하고자 하는 동기가 숨어 있었다. 이와 같은 상황에 직면한 뉴욕 시는 1916년 미국 최초로 '지역지구제 조례'를 채택하게 되었다. 뉴욕 시의 1916년 '용도지역지구제'는 용도를 지역지구로 분류하고, 그것을 도면에 표시하고, 지역지구에 따른 고도와 체적에 관한 규제내용을 포함함으로써 최초의 종합적인 용도지역제 조례로 평가된다.

1916년의 뉴욕 시 조례의 결정을 출발로 1926년까지 약 420개 자치체에서 용도지역제 조례를 채택했다. 용도지역제 조례에 의한 토지이용규제가 합헌성을 획득하는 것은 용도지역제가 미 전역으로 전파된 후인 1926년 미 연방재판소가 유클리드 사건에 대해 합헌판결을 내린 이후부터이다.

4. 종합지역제 조례

1913년 뉴욕의 '건축물 높이에 관한 위원회(A Commission on Heights of Building)'는 건축물의 높이, 면적, 용도는 공중위생과 안전의 관점에서 규제되어야 하며, 그 규제는 해당 지구에 타당하게 적용되어야 한다고 보고했다. 뉴욕 시와 주의회는 이러한 제안에 동의했다. 1916년 이전의 용도지역제 조례는 공해산업의 용도분리, 특정 인구집단의 분리,

고층 엘리베이터 건물의 제한, 주요 대로나 광장에 대한 미학적 통제 등이 목적이었다.

기존의 '건축법 규제', '임차인 주택법', '공장법'과는 다르게 용도지역제는 각 지구에 적합한 규제가 이루어지도록 제정되었다. 그러나 시 전역에서 각 지구에 적합한 규제체계를 적용하는 용도지역제가 대중적으로 받아들여지기까지는 시간이 걸렸다. 또한 특정 지역에만 특정 규제를 적용할 때는 차별적이고 임의적이며 사유권을 침해하는 결과를 낳기도 했다.

뉴욕의 1916년 종합지역제 조례는 건축물의 높이, 용도, 면적을 각 지구에 따라 서로 다른 규제를 적용하는 법률로서, 종합적인 성격의 용도지역제 규제라는 발전을 가져왔다. 뉴욕 시에서 용도지역제를 채택한 목적은 초고층 건물을 제한해서 화재의 위험을 줄이고 채광과 위생을 보장하며, 도로체증을 감소시켜 부동산 가치를 보존하면서 동시에 장래 발생할 수요를 대비한 도시 서비스의 확보에 있었다. 뉴욕의 용도지역제는 기존 건물과 토지에는 적용하지 않으며 장래 개발될 건축물에만 적용하는 처방적 성격을 갖고 있었다(Bassett, E. M., 1942).

뉴욕 시는 종합지역제 조례를 채택함으로써 일관성이 결여된 토지이용을 방지하고, 공공시설 서비스를 보다 효과적으로 제공할 수 있게 되었다. 그리고 지속적인 성장에서 오는 체증과 교통혼잡도 완화될 수 있으리라고 기대되었다.

1916년 뉴욕의 종합지역제 조례는 수차례의 수정에도 불구하고, 1961년 새로운 용도지역제 조례가 등장할 때까지 뉴욕, 특히 맨해튼의 도시계획 및 설계에 지대한 영향을 미치게 된다.

5. 1916년 뉴욕의 종합적 지역제 조례의 내용

1916년 용도지역제 채택으로 뉴욕 시 5개 구(borough) 전역에 건축물과 토지 이용을 규제할 수 있는 완전하고도 종합적인 체계가 마련되었다. 이에 따라 뉴욕 시는 토지와 건물의 용도, 건물의 높이, 부지대비 건물의 점유율을 규제하기 위해 용도지구를 다시 주거지구, 업무지구, 제약이 없는 지구 등 3개의 지구로 나누었다(City of New York, Building Zone Resolution, 1916, ARTICLE II).

뉴욕 시 건축물 조례 3장 고도지구에서는 건축물의 고도와 체적을 제한하고 규제하기 위해 6개의 지구로 나누었다. 지역에 따른 높이의 제한을 살펴보면 금융지역에서는 가로 폭의 최고 2.5배를 허용했으며, 다른 귀금속 업무지역과 공업지역, 해안가는 가로폭의 2.0배가 허용되었다. 또 고밀도로 개발된 임차인 아파트 지역은 1.5배였으며 외곽의 임차인 주택과 5번가는 1.25배였다. 그리고 그 밖의 외곽지역 대부분은 1.0배로 가로의 폭과 높이가 동일했다. 끝으로 가로 폭에 비해 0.75배까지만 허용하는 지구도 있었다.

4장 면적지구(Area Dictricts)는 마당, 뒤뜰, 그 외 공개공지를 정하고 규제하기 위해 6개의 지구로 나뉘었다. 그리고 이 6종류의 지역지구마다 마당과 뒤뜰의 규모가 규제됐다.

1916년 뉴욕의 용도지역제는 합법적으로 건축한 기존의 건축물이나 토지에 대해서는 소급적용하지 않는 원칙을 갖고 있었다.

처음으로 도시 전역을 포괄하는 용도규제와 입지와 지구에 따라 체적이 제한되도록 지정이 이루어졌다. 용도, 높이, 지구에 대한 제약은 여러 방식으로 조합되었기 때문에 용도지역제는 혼란스러운 점도 있었고

일부 조합은 불합리하기도 하였다. 그리고 고도-용적지역에서 구조의
형태와 설계에 관한 지침 때문에 건물용적을 계단형과 같은 체적에 맞
추고 채광이 가능하도록 일정 높이 이상의 상층부가 점차적으로 후퇴한
결과, 이른바 '웨딩케이크'형 건물들이 등장했다. 이러한 건축상의 제약
은 건축기술이나 개발업자의 특수한 요구로 등장한 것이 아니었다. 전
적으로 지역제의 도입에 따른 건축물 규제의 결과였다.

그럼에도 불구하고 혁신적인 이 뉴욕 시의 용도지역규제는 다음과 같
은 두 가지 제약요인을 태생적으로 지니고 있었다. 첫째, 위원회 구성원
의 대부분이 변호사 출신인 관계로 합헌성을 지나치게 염려한 나머지
토지이용 개혁의 개념이 제한됐다. 그들은 종합적인 지역제 조례가 사
유권을 침해한다는 소송을 안전하게 통과할 수 있는 법률적 형식을 갖
추는 것을 중시했던 것이다.

둘째는 개별 부동산 소유자의 권리를 존중하는 기존의 고정관념이 혁
신적인 지역제를 제약하는 측면이 있었다. 뉴욕 시 용도지역제 조례를
지원한 그룹은 맨해튼 5번가의 상인연합이었다. 5번가 상인연합은 무질
서하게 팽창하는 의류산업으로부터 화려하고 매력적인 5번가를 지키고
자 했다. 바꾸어 말하면 5번가 상인연합은 현상의 유지를 통해 그들의
상권을 지키고자 했다. 그러므로 종합적인 용도지역제 조례는 부동산의
난개발을 해결하거나 앞으로 닥칠 개발을 위한 계획을 시행하는 장치라
기보다 현상을 유지시키는 기능을 갖게 되었다(Reiner, E. N., 1975:
212-213). 그 이유는 애당초 조례가 부동산 권리의 보호를 위한 부동산
투자의 안정과 보호를 목적으로 마련되었기 때문이다.

뉴욕 시가 장기 도시계획의 대안으로 지역제를 도입했기 때문에 일각
에서는 이것이 어떤 면에서는 도시계획운동의 후퇴라고도 한다(Scott,

M., 1975: 160).

뉴욕 시가 종합적 용도지역제를 도입한 이후 버클리 조례를 기점으로 그렇지 않아도 경직된 용도분리의 경향은 더욱 짙어진다. 버클리 조례는 단독주거지역의 채광성을 확보하기 위해 용적이 큰 아파트를 금지했으나, 그것이 지나치게 엄격하게 적용되었기 때문에 다양한 형태의 주거지의 조성이 원천적으로 봉쇄되었다. 엄격한 용도 분리라는 용도지역제의 전통은 주거지역을 일률화시켜 주거지역으로부터 서비스가 완전히 분리되어 시민들의 생활이 오히려 불편해지는 기막힌 상황이 빚어졌다.

그런 와중에도 1920년대 말부터 '용도지역제'에 획기적인 발전이 이루어졌다. 첫째, 미 대법원이 유클리드 마을(Euclide Village, 1926)에서 적용중인 '용도지역제'가 헌법에 부합한다는 판결을 내림에 따라 용도지역제가 미 전역으로 확산되었다. 둘째, '표준도시계획수권법(Standard City Planning Enabling Act, 1928)'이 공포되었던 것이다.

3. 표준주지역제수권법

1920년대로 접어들면서 사회·물리적 환경에 새로운 변화가 나타났는데, 당시의 도시계획가들에게 이에 대한 대처방안을 제시하는 것이 시대적 과업이었다. 1920년대 들어 도시인구가 증가하고, 특히 주민의 소득이 급격히 상승하고 차량의 소유도 크게 증가하였다. 이러한 부의 증가와 기동성의 증대로 '교외화 현상'이 나타났는데, 당시 교외지의 미비한 하부구조로는 감당할 수 없을 만큼 교외 주택지에 대한 수요는 폭발적이었다. 따라서 교외지의 무질서한 개발과 도시의 혼란스러운 성장을 규제할 수단이 절실히 필요했다.

1921년 당시 상무장관이었던 후버는 상무부 내에 '표준주지역제수권법(Standard State Zoning Enabling Act)'을 기안할 위원회를 설치, 지자체가 용도지역제를 채택할 토대를 마련해주었다. 동 위원회의 위원장은 미국 지역제의 아버지로 일컬어지는 바세트가 임명되었다.

1922년 상무부는 '표준주지역제수권법' 초록을 발표하여 공공폐해를

방지하고 '커뮤니티 계획'의 효과를 극대화시키기 위한 방법으로 '용도
지역지구제'를 발전시키기로 결정했다. 1921년에 이미 48개 도시에서
용도지역제 조례를 채택해서 사용하고 있었다. 1923년에는 218개 자치
체에서 용도지역제가 운용되었다. 결국, 1924년 '표준주지역제수권법'
이 공포되었고 그 이후 1년 만에 11개 주에서 '표준주지역제수권법'을
통과시켰다. 한마디로 후버의 상무부에 의한 '표준주지역제수권법'의
간행은 지역제가 미 전역으로 전파되고 인기리에 채택되는 현실에 비하
면 뒤늦은 결정이었음에도 불구하고 결과적으로는 지역제의 확산을 촉
진하였다.

1. 표준주지역제수권법의 의의

미국의 '표준주지역제수권법' 1조에 따르면 '지역제는 지역사회의 건
강, 안전, 도덕과 그 외 일반의 복지향상'을 위해 지방자치체 전역을 각
각의 지구로 구분하고 구분한 지구들에 대해 부지단위로 토지와 건물
등의 위치·규모·형태·용도 등을 보상 없이 규제할 수 있다고 규정하고
있다. 또한 지구 별로 규제의 내용이 다르지만, '동일 지구 내에서 동일
한 종류, 동급의 건물에 대해서는 규제 내용이 균등해야 한다'고 명시하
고 있다.

지역제는 '경찰권의 행사'로 지자체가 해당 주의 지역제수권법을 원
용하여 조례를 제정한 뒤 집행한다. '표준주지역제수권법'이 규정한 지
역제의 목적은 다음과 같다.

- 교통체증의 완화
- 화재, 재난, 기타 위험으로부터 안전확보
- 보건과 일반 복지 증진
- 적절한 채광과 환기
- 토지의 고밀도이용 방지
- 인구집중 방지
- 교통, 상·하수도, 학교, 공원, 기타 공공 서비스의 적절한 제공

따라서 '표준주지역제수권법'에 기초해서 작성된 각 주의 지역제수권법과 이에 의거해 작성한 각 지자체의 조례의 목적은 헌법에 부합되지 않으면 안 된다.

미국 헌법상의 사유재산권 보장규정으로는 '어떠한 주(state)도 법의 정당한 절차에 의하지 아니하고는 개인의 생명, 자유 또는 재산을 박탈하지 아니한다'(연방헌법수정 제14조)는 '합법적 절차'를 규정한 조항과 '사유재산은 정당한 보상 없이 공공을 위해 징수될 수 없다'(연방헌법수정 제5조)는 '수용을 규정한 조항'이 있다. 그러므로 지역제의 목적도 '주민의 건강, 안전, 도덕 그 외의 일반적 복지의 향상'에서 벗어나는 경우에는 합법적 절차조항 위반으로 헌법에 위배되어 지역제는 효력을 상실한다. 그리고 규제수법은 일정한 기준에 적합하지 않는 경우에도 합법적 절차조항 위반으로 위헌이다.

'표준주지역제수권법'이 갖는 사회적 기능은 두 가지로 요약된다. 첫째, 지역제의 모든 규제는 도시기본계획인 종합계획에 부합되어야 한다. 둘째, 도시계획의 근간인 모든 지역제에는 도시계획의 필수적인 내용이 담겨야 한다. 이를 보건대 지역제는 도시기본계획 중 가장 중요한 구성요소이다. 특히 '표준주지역제수권법'은 현상을 보전하고자 하는 용도

는 엄격히 구분해서 보호하기도 하지만 특정 지자체가 원하지 않는 부류의 사람들이나 특정 용도의 배제를 가능하게 했다. 이러한 용도지역제는 배타적 성격을 갖는 용도지역제라고 부를 수 있다. 강한 규제를 받는 지역에서, 용도순화를 강조하는 지역 그리고 '제약이 없는 지역'에 이르기까지 각 지구의 개발은 상위용도에 부합되게 진행되어야 한다. 예를 들면 공업용도는 주거지역에서 금지되지만 주거지 개발은 상업지역에서 허용되는 용도순화를 위한 누적적 체계가 도입되었다. 이를 일컬어 용도지역제는 누적적 구조를 갖고 있다고 정의할 수 있다.

2. 양대 표준법 작성자들

위에서 설명한 '표준주지역제수권법'과 앞으로 설명할 '표준주도시계획수권법', 즉 양대 표준법의 성격을 이해하기 위해서는 '도시계획 및 용도지역제자문위원(Advisory Committee on City Planning and Zoning: ACCPZ)'의 구성을 살펴볼 필요가 있다. 후버 상무부 장관은 1921년부터 각계 전문단체의 추천을 받아 위원을 임명하기 시작했다. 위원회는 미국 조경학의 아버지 옴스테드(Frederick Law Olmsted), 위생 엔지니어 볼(Charles B. Ball), 부동산 전문가 히에트(Irving B. Hiett), 주택 컨설턴트 일더(John Ihlder), 컨설팅 엔지니어 놀스(Morris Knowls), 뉴욕 시 평가국 책임 엔지니어 루이스(Nelson P. Lewis), 주택 전문가 베일러(Lawrence Veiller), 환경보존주의자 맥팔랜드(J. Horrace McFarland), 그리고 변호사 출신으로 위원장을 맡아 양대 표준법(표준주지역제수권법과 표준도시계획수권법)의 작성에 결정적인 영향을 미친 바세트와, 끝으로 용도지역제수

권법 이후에 참가한 변호사 출신의 베트만(Alfred Bettman) 등으로 구성
되었다.

후버 장관이 임명한 '표준주지역제수권법'의 자문위원은 1922년 예
비판이 출간될 때에는 총 8인이었고 1926년 출판 본(本) 때에는 볼과 베
트만이 추가되어 10명이, 1928년 '표준주도시수권계획법'이 출판될 때
에는 루이스의 사망으로 9명으로 줄었다. '표준주지역제수권법' 자문위
원장은 미국 지역제의 아버지로 부르는 바세트가 임명되었다. '표준주
지역제수권법' 자문위원 중 루이스를 제외한 전원이 '표준주도시계획수
권법' 자문위원으로 활동했으며, 후에 변호사 베트만과 공무원 볼이 추
가되었다(Knack, Meck and Stollman, 1996: 3-6). 즉, 양대 표준법은 거의
동일인에 의해서 작성되었다는 것을 알 수 있다. 그리고 '도시계획 및
용도지역제 자문위원회'는 1934년까지 활동했다.

3. 지역제수권법의 법률적 내용

지역제 권한의 타당성은 어느 범위까지 '경찰권'을 행사하느냐에 달
려 있다. 즉, 지역제는 지자체의 건강성, 도덕성, 안전성 혹은 일반복지
의 보호와 발전을 위해 제정한 규제가 '경찰권의 행사'로서 타당한지 여
부에 따라 권한의 타당성이 부여된다. 또 부동산에 대한 규제가 비합리
적이고, 임의적이고, 변덕스럽다면 '보상이 없는 부동산의 수용'에 해당
되어 지역제는 효력을 상실한다(Wright, R. R. and Gitelman, M., 2000:
180).

'표준주지역제수권법'은 지자체에게 두 용도 사이에 갈등이 발생하는

경우 상호양립하는 용도는 허용하고, 상호양립이 불가능한 용도는 허용하지 않는 용도지역지구의 지정권한을 부여했다.

이러한 권한의 부여는 '표준주지역제수권법'의 1, 2, 3절에 명시되어 있다. '표준주지역제수권법'의 첫 3개 절은 지역제의 목적과 범위를 정의하여, 1절은 권한의 부여, 2절은 지구, 3절은 목적, 4절은 근린이웃의 불복장치, 5절은 지역제의 채택과 수정을 위한 절차를 규정한다. 6절은 지역제위원회, 7절은 지역제조정위원회의 업무에 대해 정의하고 있으며, 8절은 집행절차와 구제 방안, 9절은 타 법률과 마찰이 있을 때를 규정하고 있다.

1) 지방자치체의 권한

[제1절: 수권]

커뮤니티의 건강·안전·도덕 또는 일반적 복지를 향상시키려는 목적으로 시 혹은 자치체의 입법기관은 이 법률에 의해서 건물 그 이외의 구조물, 높이, 층수 및 규모, 그것이 점하는 부지의 비율, 앞마당, 뒤뜰 그 이외 공개공지의 규모, 인구밀도 및 상업·공업·주거 혹은 그 이외 목적의 건물·구조물 및 토지의 용도와 입지를 제한하고 규제하는 권한을 부여한다.

권한의 부여를 다룬 '표준주지역제수권법' 제1절은 밀도, 개발, 용적, 용도 제한에 관한 법률적 권한을 지방의회에 부여했다. 또한 토지를 주거, 상업, 공업 등 3개의 용도로 분류했다. 여기서 건강, 안전, 도덕 혹은 일반적 복지는 경찰권을 정의할 때 사용되는 내용들이다. 물론 여기서 '경찰권'이라 함은 건강, 안전, 도덕 혹은 일반적 복지의 증진을 위해 정부의 규제권을 행사하는 권한을 일컫는다.

제1절은 이미 건물과 토지이용에 대한 규제가 경찰권의 행사임을 명시하고 있다. 또한 이와 같은 권한은 입법기관으로부터 주어진다. '표준주지역제수권법' 제1절에 따르면 용도지역제에 의한 규제의 내용은 통상 4개 항목으로 집약된다. 용도, 높이, 규모, 밀도가 그것인데, 그중에서도 주로 사용되는 앞의 3개는 '지역제 3총사'라고 부른다.

2) 용도지역제의 기본원칙

[제2절: 지구]
  상기 목적의 일부 혹은 전부를 위해 지방 의회는 그 자치체를 이 법의 목적을 수행하는 데 충실히 하기 의해 가장 적합하다고 판단되는 수, 형태 및 구역의 지구로 분할 할 수 있다. 그래서 그와 같은 지구 내에서 건물·구조물 또는 토지의 건설·재건·변경·수리 혹은 용도를 규제하고, 제한하는 것이 가능하다. 그와 같은 규제는 모든 각 지구를 통해서 건물의 분류 혹은 종류가 균등해야 한다. 그러나 하나의 지구의 규제는 다른 지구의 규제와 다르게 할 수 있다.

제2절은 초기 용도지역제의 기본원칙 중 하나로 시의 전 지역을 용도지구별로 구분하고 동일한 지구 내의 토지 소유자는 모두 평등하게 취급한다는 '균등성' 원칙을 규정하고 있다. 또한 건물을 건축, 재축, 개축, 변경, 수선할 때 규제할 수 있는 권한을 제공하고 있다.

모든 토지를 가능한 동일하게 처리하고자 하는 전통적 용도지역제 규제방식은 나중에 점적 지역제, 계약 지역제, 조건부 지역제, 유동적 지역제와 같은 유연적 지역제의 도전을 받게 된다. 특히 1969년의 국가환경정책법(the National Environment Policy Act: NEPA) 이후 개별 프로젝트

가 환경에 미치는 영향을 심사하는 환경심사는 전통적인 토지이용규제
와는 많은 점에서 차이가 있다. 따라서 균등성이라는 원칙은 서서히 허
물어지기 시작했다.

3) 일치성에 대한 요구

[제3절: 목적]

　지역제 규제는 종합계획에 부합해서 만들어지고, 가로의 혼잡을 완화하기
위해 설계된다. 화재, 공포 그리고 그 이외의 위험에서 안전을 확보한다. 건
강과 일반적 복지를 촉진하며, 충분한 채광과 공기를 공급하며, 토지의 과밀
을 방지한다. 인구의 부당한 집중을 피하고, 교통, 물, 배수, 학교, 공원 및 그
이외의 공공시설 요구에 대한 타당한 공급을 촉진한다. 이러한 규제는 다른
것과 함께 그 지구의 성격과 특정한 용도를 위한 그 특유의 적합성에 대해
합리적인 고려가 이루어지고, 동시에 건축의 가치를 보존하고 당해 지자체를
통해서 토지의 최대로 타당한 용도를 촉진하는 전망을 갖고 만들어진 것이다.

　제3절 목적에서는 지역제 규제의 목적을 진술하고, 지역제의 범위를
더욱 상세히 열거하고 있다. 특히 '방화', '타당한 채광과 환기'는 그 당
시 뉴욕 맨해튼 지역제의 영향을 받아 비중있게 다루어졌다고 볼 수 있
다.

4) 결정과 변경의 절차

[제4절: 절차의 방법]

　그와 같은 자치체의 입법기관은 당해 지구의 규제와 제약이 결정되고, 제
정되고, 강제되고, 때때로 수정되고, 보충되고, 변경되는 방식을 제공할 것이

다. 그러나 어떤 그와 같은 규제, 제약 또는 경계도 이해관계가 있는 당사자와 시민들이 청문되는 기회인 공청회 이후에 유효한 것이 된다. 이러한 공청회의 시간과 장소에 대해서는 최소한 15일 전에 그 자치체에서 그 통지가 공식 혹은 일반에게 공표되고 신문에 공시되어야 한다.

제4절 절차의 방법은 지방의회가 지역제 규제와 제한, 지구의 경계를 채택하고, 지구의 경계를 지정하고, 변경하는 권한을 제공한다. 또 '표준주지역제수권법'은 지역제 조례의 채택과 수정은 모든 이해 당사자와 시민이 청취할 기회가 있는 '공청회'를 통해 가능하도록 하였다. 공청회는 개최 15일 전에 그 사실을 공지해야 한다. 그리고 지자체의 공식문서로 청문회의 내용을 공지해야 한다.

5) 지역제의 변경

[제5절: 변경]
    이와 같은 규제와 제한 그리고 경계는 수시 수정, 보충, 변경, 수정 혹은 폐지가 가능하다. 그렇기 때문에 그와 같은 변경에 대해 변경안에 포함된 부지, 혹은 그것에서 _____피트(feet)만큼 근접한 부지 혹은 가로의 정면에 _____피트만큼 마주하는 부지 어느 구역의 부지 소유자나 또는 20% 이상의 소유자가 반대하는 경우, 자치체의 의회 전원의 3/4의 찬성투표가 없으면, 그와 같은 수정은 무효가 된다. 공청회와 공식 통지에 관한 앞 절의 규정은 모든 변경과 수정에 동시에 적용될 것이다.

지역제의 변경 또는 수정사항을 결정하기 위해서는 공식통지와 공청회 등의 절차가 추가로 필요하다. 제5절 변경은 규제, 제약, 지구의 경계 수정, 변경 등을 위해서는 제안된 변경에 포함된 부동산 소유자의

20% 이상이 반대할 경우 또는 그 지역제 수정에 의해서 영향을 받는 근린의 토지소유자가 반대할 경우 변경이 승인되기 위해서는 의회 3/4 이상의 찬성이 필요하다.

6) 지역제위원회

[제6절: 지역제위원회]

　이 법률에 의해서 주어진 권한을 이용하기 위해서, 당해 입법기관은 다양한 원래 지구의 경계 및 그것에 강제되는 적절한 규제를 추천할 수 있는 위원회를 임명할 것이다. 당해 위원회는 그 위원회의 최종보고를 제출하기 전에, 공청회를 개최하거나 예비보고서를 만들 것이다. 그리고 그 입법기구는 그 위원회의 최종보고서를 받을 때까지 청문회를 개최하거나 행동을 취하지 않을 것이다. 도시계획위원회가 이미 존재하는 경우는, 그것이 지역제위원회로서 임명된다.

　제6절 '지역제위원회'는 지구의 경계와 경계 내 토지이용규제에 관한 예비보고서를 만들어 제안한다. 그리고 공청회를 개최한다.

　실제로 도시계획제도를 운용할 때에는 '도시계획위원회'가 '지역제위원회'의 역할을 대신하는 경우가 많다. 그리고 '표준주도시계획법' 제11절에서도 '도시계획위원회'가 '지역제위원회'의 기능을 겸하는 것이 가능하다고 규정하고 있다. 더욱이 제7절에 나오는 '지역제위원회'는 통상 '조닝 보드(Zoning Board)'라고 불리운다. '도시계획위원회'가 설치되었을 때에는 '지역제위원회'의 임무를 겸한다.

7) 지역제조정위원회

[제7절: 지역제조정위원회]

　당해 입법기관은 조정위원을 임명한다. 그래서 이 법률의 권한에 따라서
채택된 제한과 규제 중에서 상기 조정위원회가 적절한 경우에 대해서 적절한
조건과 안전장치에 따라 그 일반적인 목적과 의도에 조화롭고 그것에 담겨진
일반적 혹은 특정의 규칙에 따라서 특별한 예외를 두는 것이 가능하다는 조
항을 설치하는 것이 가능하다.

　조정위원회는 5인의 위원으로 구성되며 각 인은 3년의 임기로 임명되고,
임명기관에 의해서 서면과 공청회 후 해임된다. 후임은 공석이 된 위원의 잔
여 임기만 채운다.

　…(하략)…

　'표준주지역제수권법' 제7절은 지역제조정위원회에 관해 규정하고
있다. 이 위원회는 '지역제조정위원회' 혹은 단순히 '조닝 보드'라고 불
리운다. 제6절의 '지역제위원회'가 입법적 결정을 다루는 데 반해, '지
역제조정위원회'는 준사법적 결정을 다룬다.

　'표준주지역제수권법'은 용도지역제 조례하에서 행사되는 권한을 '지
역제조정위원회'에게 양도한다. 조정위원회는 다음 3개의 권한을 갖는다.

　① 표준지역제법 또는 법에 따라 조례를 시행할 때 만들어진 명령, 요구,
　　　결정의 잘못에 대한 청원을 청취하고 결정한다.
　② 위원회가 조례를 통과시킬 때 '특별한 예외'를 청취하고 결정한다.
　③ 조례의 시행 중 특별한 조건 때문에 공익에 불필요한 고통을 가져올
　　　때 청원을 허락한다.

'지역제조정위원회'는 예외를 인정하는 준사법적 권한을 갖는다. 조정위원회의 결정에 불복할 때에는 소송을 하게 되며, 법원의 판단에 따르게 된다.

8) 집행과 구제

[제8절: 집행과 구제]
건물과 구조물이 건립, 건설, 변경, 수리, 용도변경 혹은 유지가 행해지는 경우, 혹은 건물, 구조물 혹은 토지가 사용되는 경우, 자치체의 적절한 기구는 그 이외의 구제방법에 더해서 그와 같은 불법적 건립, 건설, 변경, 수리, 용도변경 혹은 유지를 방지하고 그와 같은 위반을 배제하고, 언급된 건물, 구조물, 토지의 점유를 방지하고 혹은 그와 같은 부동산을 포함하는 불법 행위, 행동, 비즈니스 혹은 이용을 방지하기 위해 적절한 결정 혹은 절차를 정할 수 있다.

제8절 지방의회는 '집행과 구제'에 관한 법의 시행을 위해 조례를 작성한다. 법과 조례에 의한 규제의 위반은, 벌금, 구금 등의 방법으로 처벌할 수 있다. 그리고 지방당국은 법이나 조례의 위반을 방지하기 위한 적절한 방안을 제공할 것이다. 제8절은 벌칙에 관한 절이다(Mandelker, D. R., 1997: 111).

9) 다른 법률과의 갈등

[제9절: 다른 법률과의 갈등]
…(생략)…

마지막으로 제9절 '어떤 법률과의 갈등'은 이 법률의 권한에 의해 만들어지는 규제가 다른 어떤 규제에 우선한다는 것을 규정한다.

4. 지역제의 제도화

'표준주지역제수권법'은 인기가 매우 높았다. 후버 위원회가 구성된 1921년에는 총 인구 1,100만 명에 해당하는 48개 도시에서 용도지역제 조례를 제정했으며 '표준주지역제수권법' 수정본이 발간된 1926년 초에는 48개 주 중 43개 주가 '용도지역제수권법'을 채택했고 약 420개 지방정부가 '용도지역제 조례'를 채택했다.

그리고 다른 수백 개의 지자체가 용도지역제 조례의 제정을 준비했다. 용도지역제의 합헌성 판결로 캘리포니아, 일리노이, 캔사스, 루이지애나, 매사추세츠, 미네소타, 뉴욕, 오하이오, 오리건, 위스콘신 주 등이 이에 동조하여 주 지역제 관련법 제정에 나선다.

1924년에 출판된 '표준주지역제수권법'의 대중적 인기는 초판이 5만 5,000부 이상 판매되는 데에서도 알 수 있다. 후버 위원회는 당시 16개 도시가 제정한 지역제 조례를 검토하고 지역제 개념을 체계화하고 표준화시켜 연방정부로부터 공식적 표준법안으로 공인받았다. '표준주지역제수권법'이 제정되고 나서 자연스럽게 지역제의 보급이 가속화되었다. 또한 1926년에는 연방최고재판소의 '유클리드 판결'로 지역제의 합헌성이 확립되었다.

1929년경 지역제 조례를 채택한 도시의 인구는 전국 도시인구의 약 3/5에 달할 만큼 1920년대는 지역제의 공식적 인정과 급속한 보급의 시기였다.

'표준주지역제수권법' 이후 미국 도시계획에서 도시기본계획과 지역제의 보급상황을 보면 지역제 채택이 압도적인 우위를 나타낸다. 이에 반해 도시기본계획의 보급상황은 다른 양상을 보인다. 1920년대부터 6년 간 약 100개 도시에서 채택됐지만 1927년까지 용도지역제 조례를 제정한 도시의 1/3에 그쳤던 것이다. 도시기본계획과 지역제의 상호의존성을 깨닫지 못하고 도시기본계획보다 지역제가 더 긴요한 수단으로 오해했기 때문에, 많은 지자체들이 지역제의 채택에 몰두했다.

<사진 3-1> 표준주지역제수권법 원본

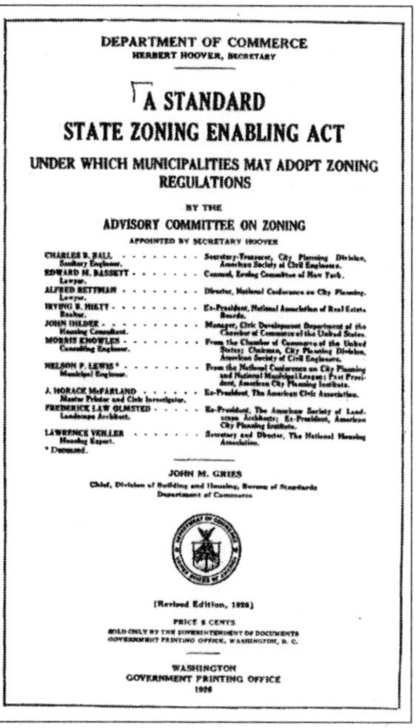

DEPARTMENT OF COMMERCE
HERBERT HOOVER, SECRETARY

A STANDARD
STATE ZONING ENABLING ACT

UNDER WHICH MUNICIPALITIES MAY ADOPT ZONING REGULATIONS

BY THE
ADVISORY COMMITTEE ON ZONING
APPOINTED BY SECRETARY HOOVER

CHARLES B. BALL, Sanitary Engineer. — Secretary-Treasurer, City Planning Division, American Society of Civil Engineers.
EDWARD M. BASSETT, Lawyer. — Counsel, Zoning Committee of New York.
ALFRED BETTMAN, Lawyer. — Director, National Conference on City Planning.
IRVING B. HIETT, Realtor. — Ex-President, National Association of Real Estate Boards.
JOHN IHLDER, Housing Consultant. — Manager, Civic Development Department of the Chamber of Commerce of the United States.
MORRIS KNOWLES, Consulting Engineer. — From the Chamber of Commerce of the United States; Chairman, City Planning Division, American Society of Civil Engineers.
NELSON P. LEWIS*, Municipal Engineer. — From the National Conference on City Planning and National Municipal League; Past President, American City Planning Institute.
J. HORACE McFARLAND, Master Printer and Civic Investigator. — Ex-President, The American Civic Association.
FREDERICK LAW OLMSTED, Landscape Architect. — Ex-President, The American Society of Landscape Architects; Ex-President, American City Planning Institute.
LAWRENCE VEILLER, Housing Expert. — Secretary and Director, The National Housing Association.
* Deceased.

JOHN M. GRIES
Chief, Division of Building and Housing, Bureau of Standards
Department of Commerce

(Revised Edition, 1926)

PRICE 5 CENTS
SOLD ONLY BY THE SUPERINTENDENT OF DOCUMENTS
GOVERNMENT PRINTING OFFICE, WASHINGTON, D. C.

WASHINGTON
GOVERNMENT PRINTING OFFICE
1926

· 출처: American Planning Association.

오늘날에는 50개 주 모두 지자체를 위한 '용도지역제수권법'을 제정하고 있으며, 그중 대부분은 군(郡)을 위한 '용도지역제 수권법'도 갖고 있다. 오늘날 용도지역제 조례는 '표준주지역제수권법' 제정 당시처럼 획일적인 내용으로 구성되어 있지는 않다. 오히려 지방 현지에서 필요로 하는 내용을 담고 있어 '계획적 단위개발(Planned Unit Development: PUD)', '집합 주거지 배치'와 같은 새로운 용도지역제 기법과 '밀도규제', '단계적 개발규제' 등과 같은 새로운 개념들을 담고 있다.

4. 1926년 유클리드 판례

유클리드 판례는 지역제의 합헌성이 인정되고, 그로 인해 미 전역으로 지역제가 광범위하게 보급되는 계기가 되었다. 유클리드 마을의 용도지역제 조례를 부정하는 앰블러 부동산회사는 대도시권 내에 있는 소규모 지자체가 지역제를 행사하는 것은 비합리적이며, 논리적으로도 모순이라고 지적했다. 한 걸음 더 나아가 유클리드 지역제는 위헌이라고까지 주장했다. 만약 대법원이 유클리드 마을의 지역제를 인정하지 않는다면, 뉴욕과 같은 대도시에서 사용되는 지역제도 부정되어야 하는 상황이었다.

유클리드 사건 이전에도 주나 연방법원은 특별한 목적을 갖는 지역제 조례는 무효로 결정하고 있었다. 그러나 연방대법원의 최종판결은 지역제가 적용되는 대상은 전통적으로 지방중심적 성격을 갖기 때문에 대도시권 내 소규모 자치체에 의한 지역제를 옹호하면서, 유클리드 마을의 관할 영토 내에서 행사되는 토지이용계획과 규제를 인정했다. 결국 유

클리드 판결은 오늘날에도 지방정부가 지역제를 행사하는 타당성의 역
사적 근거가 되고 있다.

1. 배경

오하이오 주의 유클리드 마을은 자치체로 1903년에 설립되었다. 마
을은 25.74km^{2}의 평행 사변형을 이루면서 에리 호를 따라 클리블랜드
의 외곽에서 동쪽으로 35.6km 가량 뻗어 있다. 한편 에리 호 연안의 공
업도시인 클리블랜드 시는 유클리드 마을과 인접해 있었는데, 유클리드
마을의 부유한 사람들이 호수 연안에 대저택을 세우고 살고 있는 가운
데 클리블랜드의 공업화 물결은 이처럼 고요한 교외 주거지역에도 밀려
왔다. 1920년 유클리드의 인구는 3,363명이었으며, 대부분의 토지는 농
지였다. 성 클레어 애비뉴와 유클리드 애비뉴를 따라 난 대지는 미개발
지였다.

쇼오 호수와 닉켈플레이트 철로를 따라 나 있는 대지도 대부분 미개
발 상태였다. 단지 16개의 산업체가 마을 앞 철길을 따라 약 22.5km 가
량 입지해 있었다. 쇼오 호수 애비뉴에 인접한 마을의 부동산은 이미 거
의 주거용으로 개발된 상태였다. 클리블랜드 시는 교통로를 따라 마을
을 향해 목하 팽창 중이었다. 1911년에서 1922년 사이에 앰블러 부동산
회사는 유클리드 애비뉴와 닉켈플레이트 철길 사이 약 549m가 도로에
면한 약 0.28km^{2}의 부지를 정비했다.

1922년 봄 유클리드 시장은 용도지역제 조례를 제정할 위원회를 구
성했다. 1922년 가을 위원회는 토지이용 종합조례를 제안했으며, 만장

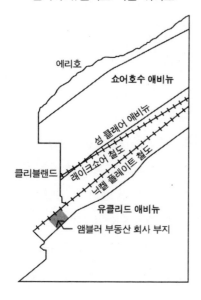

<그림 4-1> 앰블러 부동산회사
필지와 유클리드 마을 위치도

에리호

쇼어호수 애비뉴

성 클레어 애비뉴

래이크쇼어 철도

닉켈 플레이트 철도

클리블랜드

유클리드 애비뉴

앰블러 부동산 회사 부지

일치로 채택했다. 유클리드 시는 조례 제정을 통해 마을 전역을 각 지역별로 구분하고, 각 지역에 대해 용도, 최소 대지면적 등을 상세하게 규정함으로써 마을의 주거 환경 수준을 보존하고자 했다. 양 철도 사이 또는 철길에서 500m 이내는 공업용도 U-6로 지정되었다. 유클리드 거리 남쪽 대부분의 부동산은 단독가구 주택 U-1, 2가구 주택 U-2로 지정되었다. 그러나 일부는 아파트 주택 U-3, 또는 소매 혹은 도매 U-4로 지정되었다(<그림 4-2> 참조).

<그림 4-2> 앰블러 부동산회사 부지 주변의 용도지역 지정 상황

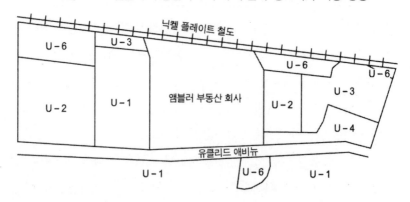

닉켈 플레이트 철도

U-6   U-3

U-6

U-6

U-2   U-1   앰블러 부동산 회사   U-2   U-3

U-4

유클리드 애비뉴

U-1   U-6   U-1

<그림 4-3> 앰블러 부동산회사 부지의 용도지역상황

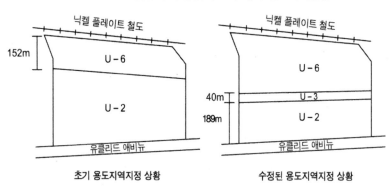

처음 '앰블러 부동산회사'의 부지는 닉켈플레이트 철길로부터 152m
까지는 공업용도 U-6로, 그리고 부지의 나머지 부분에 대해서는 2가구
주택 U-2로 지정되었다. 앰블러 부동산회사는 이러한 용도지정에 반대
했기 때문에 최종적으로 '앰블러 부동산'의 토지는 유클리드 애비뉴 에
서 189m까지는 2가구 주택 U-2, 그 다음 40m까지는 아파트 주택 U-3,
그리고 부지의 나머지에는 공업용도 U-6로 변경되었다(<그림 4-3> 참
조). 이러한 조정에도 불구하고 앰블러 부동산회사는 유클리드 마을의
지역제에 대해 소송을 제기했다.

　앰블러 부동산회사는 조례제정 이전부터 공업용지로 개발할 목적으
로 넓은 토지를 소유하고 있었지만 조례제정으로 부지의 약 1/2이 주거
지역으로 지정되었다. 공업지로 개발하면 토지가격은 1,224평(=1에이커)
당 1만 달러지만 주택지로는 1,224평당 2,500달러로 75% 가량 가격이
폭락한다(Haar, C. M., 1971: 168). 따라서 앰블러 부동산회사는 유클리드
마을을 상대로 용도지역제 조례가 사유재산권을 침해한다며 위헌소송
을 제기했다. 신시내티 변호사로서 '표준도시계획수권법' 작성에 참여

<표 4-1> 유클리드 용도지역제의 허용용도 리스트

용도지역	허용용도
U-1 (단독주택지역)	단독주택, 공원, 수조탑과 물탱크, 교외와 도시간 전철 승강장, 농업, 비영업용, 그린하우스, 탁아소와 트럭 차고
U-2 (2가구주택)	U-1과 2가구 주거 포함
U-3 (아파트)	U-2와 아파트, 호텔, 교회, 학교, 공공도서관, 박물관, 사교 전용 건축물, 시청, 법원
U-4 (소매점 또는 도매)	U-3과 은행, 오피스, 스튜디오, 전화 교환소, 소방서, 경찰서, 도매점, 레스토랑, 영화관, 소매점포, 판매업소, 견본실, 전기제품 창고, 약국, 식품점, 주유소(1,000갤런을 초과하지 않는다), 얼음 배달, 스케이트장, 댄스홀, 변전소, 취업 및 신문출판, 차고, 마구간, 주차시설, 중앙 도매 물류기지
U-5 (상업)	U-4와 간판, 광고 사인, 아이스크림 제조시설, 냉동창고시설, 우유시설, 카페트 세탁, 세탁소, 장례시설, 대장간, 웨곤 자동차 수리시설, 화물역, 거리차량 창고, 마구간, 웨곤 주차장, 도매시장
U-6 (공업)	U-5와 폐수처리, 가스생산, 쓰레기 하적장과 쓰레기 소각장, 금속철제, 고철, 폐지와 고무, 항공시설, 공동묘지, 화장장, 구금 및 교정시설, 정신 요양시설, 주유소(25,000 갤런 미만) 그리고 U-1, U-2, U-3, U-4, U-5 이외의 어떤 종류의 공급처리 시설이나 제조업 및 공업용 시설

·출처: 오하이오 주 유클리드 마을 조례 2812(1922년 11월 13일) 3-10절.

한 알프레드 베트만(Alfred Bettman, 1873-1945)은 유클리드 지역제를 옹호했으며, '유클리드 용도지역제'가 승소할 수 있도록 도왔다. 이 소송에 대해 1926년 연방대법원은 용도지역제가 '공공의 복지'에 기여하는 '경찰권'의 행사로 인정, 유클리드 마을의 조례는 합당하다고 승소판결을 내렸다.

2. 유클리드 판결의 영향

연방대법원의 유클리드 판결로 용도지역제는 합헌성을 획득했다. 유클리드 판례는 지역제가 마을 전체 부동산의 가치를 증대시킴으로써 공공복지에 기여한다는 점을 부각시켰다. 실제로 지역제는 이윤 확대의 가능성이 있는 거주지역에 규제를 가해 근린주거지로서의 부동산 가치를 보존한다는 목적도 갖고 있었다.

'유클리드 지역제'의 승리는 대도시권역 내에 있는 소규모 지자체도 토지이용계획과 규제를 수행할 수 있다는 계획고권(計劃高權)의 원칙을 미국 도시계획사에서 확립하는 계기가 되었다. 이후 1920년대와 1930년대를 통해 지역제는 전국으로 퍼져 당시 개발 중이던 교외자치체로 급속하게 보급되었다.

유클리드 마을 사례는 1920년대 미국 도시가 처한 상황을 극명하게 반영하고 있다. 당시 미국의 도시는 소음과 불량주택과 공장의 혼재, 과밀한 임대아파트 그리고 초고층건물이 출현하면서 거리와 건물의 실내가 어두워지고 대규모 화재가 빈발하는 등 심각한 대도시 문제를 안고 있었다. 이러한 용도의 혼재와 과밀화의 방지로 양호한 주택지를 보전하고 건물형태의 규제를 통한 일조·통풍·공지의 확보가 시급한 과제로 대두되었다. 또한 과밀해진 도심을 피해 새로 개발된 교외주택지로 이주한 사람들은 새로운 주거지에서 대도시 문제가 재발하는 것을 방지하고자 했다. 한편 지역제는 가난한 이민자들이 도심의 임대주택에서 교외 주거지로의 이동을 억제하는 효과도 갖고 있었다(渡辺俊一, 1985: 188-189).

'유클리드 지역제'라는 명칭을 얻은 유클리드 마을의 지역제는 대법원 판결 이후 60여 년 동안 지속되었다. '유클리드 지역제'는 1916년 뉴욕 지역제의 내용을 포괄했으며 토지이용 갈등을 사전에 방지하고자 하는 처방적 성격을 갖고 있었다. 따라서 '유클리드 지역제'는 건물의 용도, 형태, 밀도에서 생기는 잠재적 갈등을 조례 내에서 해결하도록 하였다. 또한 그것은 하나의 양식으로 정착되어 미국의 다른 지역들로 퍼져 나갔다. 이후 '용도지역제'는 미국에서 '법정도시계획'으로 인정받는 계기가 되었다.

3. 유클리드 지역제의 특징과 문제점

연방최고재판소의 판결 이후 유클리드 지역제는 고전적인 지역제로 자리매김되었다. 제2차세계대전 이전의 지역제, 즉 '유클리드 지역제'는 다음과 같은 특징을 갖는다(渡辺俊一, 1985: 188).

① 토지 개발·이용은 사전 예견이 가능하다는 전제 아래, 용도를 사전에 확정한다(사전확정주의).
② 주거와 같은 상위 용도를 공장과 같은 하위 용도로부터 보호하는 경우 지역제를 채택한다(적중주의).
③ 과도한 민간개발의 방지를 위해 개발보다 억제에 비중을 둔다(개발억제주의).
④ 주거, 상업, 공업 등의 용도에 따라 앞마당의 규모와 형태 등의 '시방서'를 통해 단위별로 규제하는 방식이다(시방서규제주의).
⑤ 토지이용의 규제 단위로 개별 부지를 규제하여 양호한 시가를 형성한다(부지주의).

⑥ 주택지에서는 공장, 아파트 등을 배제해서 용도를 순화한다(용도순화주의).

⑦ 자치체와 주민의 이익추구에 목적을 두는 지방이익 중심주의이다(지방 이익 중심주의).

유클리드 지역제의 문제점으로는 다음과 같은 것들이 있다.

첫째, 잦은 용도변경 사유가 발생한다. 사전에 각 지구에 대해 토지이용의 용도를 결정한다지만 정작 민간 부문의 개발이 왕성해지면 용도의 변경이 빈번하게 이루어진다.

둘째, 환경의 악화와 단조로운 가로가 형성된다. 주거환경의 보호를 위해 주거지역을 저밀도로 규제하는 경우, 이와 양립하기 어려운 토지의 이용은 분리되어 교외의 신개발지로 이동하게 되는데, 이에 따라 녹지와 농림지를 잠식하면서 도시의 확산이 진행된다. 그리고 공공투자의 비효율화와 이동거리의 장거리화를 가속시켜 환경의 악화를 가져온다. 또한 지구에 따라 건물의 높이, 대지면적의 최소한도, 건축선의 후퇴 등이 지정되기 때문에 창조성이 결여된 단조로운 가로가 형성된다.

5. 표준주도시계획법

미 상무부는 지역제를 위한 모델법(1924)을 제시한 이후 1928년에는 도시계획을 위한 표준주도시계획수권법(이하 '표준도시계획법')을 발표했다.

표준도시계획법은 도시계획 작성의 권한과 종합계획에서 다루어야 하는 주제와 요소들을 상세하게 열거했다. 그래서 오늘날까지 많은 도시계획 관련 제도는 표준도시계획법의 영향을 받고 있다. 그러나 각 주의 다양한 여건을 고려하여 실질적인 도시계획 정책의 내용은 지방 고유의 특수성을 반영할 수 있게 해당 지방정부의 도시계획과정에서 수립되도록 하였다. 표준도시계획법이 공포된 후 생긴 커다란 혼란 중의 하나는 도시계획 작성을 의무화시키지 않고 선택사항으로 규정한 데서 왔다. 이 규정 때문에 도시종합계획 없이 지역제를 채택하는 자치체가 등장하는 등 토지이용을 규제하는 시스템에 큰 혼란을 가져왔다. 따라서 도시계획과 지역제가 별도의 문서인지 아니면 서로 일치해야 하는지에 대한 혼란과 논쟁을 불러일으켰다.

1. 표준도시계획법의 내용

1928년 미 상무부의 '표준주도시계획수권법(Standard City Planning Enabl-
ing Act: SCPA, 이하 '1928년 법')'은 자치체가 '도시계획위원회'를 구성해
서 가로, 공공 건축물, 공공용지, 공급설비 등의 계획을 준비하도록 규
정하였다. 그 이후 '표준도시계획법'은 오늘날까지 미국 도시계획의 기
능과 성격 그리고 내용에 영향을 미치고 있다.

'표준도시계획법'에서 도시계획의 내용에 관한 규정은 최소한 5항목
으로 이루어져 있다. 표준도시계획법에서 규정하고 있는 중요한 5항목
은 가로(street), 공공용지(public ground), 공공건물(public building), 공급시
설(public utilities), 용도지역제(zoning) 등이다. 이 중 용도지역제를 제외한
4가지 요소는 '도시계획위원회'의 심의로 결정되는 중요 항목이었다.

용도지역제는 지역제 조례에 의해 별도로 결정된다. '표준도시계획
법'의 기능과 역할은 단순히 용도지역제에 의한 토지이용규제보다 미래
의 성장을 위해 지자체의 공공 서비스를 효과적으로 제공하고 토지이용
을 규제하는 종합적인 접근이 이루어지도록 하는 것이었다.

그러나 '1928년 법'이 제시한 도시계획 요소들간의 연계는 본 법에
정의되어 있지 않았다. 즉, 도시계획 수립과정을 위한 틀을 제공하고,
도시계획 요소가 상호 어떻게 연계되고 묶여져 종합도시계획이라는 결
과에 이르게 되는지를 보여주지 못하는 한계를 지니고 있었다. 또한 용
도지역제의 조정은 도시계획위원회의 역할 범위 밖에 놓여 있었다.

2. 표준도시계획법의 한계

1928년 공포된 '표준주도시계획수권법'이 미 전역으로 도시계획을 확산시키는 데 큰 역할을 하고 '종합도시계획'의 중요성을 부각시켰으나 도시계획과 용도지역제의 역할에 대해서는 혼란을 야기했다. 먼저 1924년 '표준주지역제수권법'이 제3절 목적조항에서 '종합계획에 따라서' 용도지역제규제를 작성해야 한다고 명시했기 때문에 일부 주에서는 용도지역제가 종합계획과 일치되어야 한다고 생각하여 이를 추진하기도 했다. 그런데 다른 주에서는 도시계획은 용도지역제를 포괄해야 한다고 해석해서 혼란을 더욱 가중시켰다.

도시계획은 장기적이고 일반적이며 개별 부동산에 대해 어떤 법률적 구속효과도 없으나, 용도지역제는 단기적이고, 세부적이며, 부동산의 이용에 대해 구속력을 미치는 법률적 효과를 갖고 있었다. 따라서 '표준주도시계획수권법'이 용도지역지구계획을 포괄한다는 규정은 이 두 가지 개념이 뒤섞여 지자체가 용도지역제 조례 채택시 전제로 해야 하는 장기적인 정책 없이 조례를 제정하는 상황이 빚어지곤 했다. 즉, '종합계획에 따라'는 용도지역제를 단편적으로 채택하는 것이 아니라 종합적으로 수행해야 한다고 해석해야 마땅하다.

그러나 앞서 설명한 것처럼 실제상황은 그렇지 못해서 용도지역제의 전반적 내용 속에 '종합계획'이 담긴다는 식으로 종합계획의 역할에 대해 모호한 인식이 팽배해 있었다. 또 다른 혼란의 이유는 1928년의 '표준주도시계획수권법'이 도시계획이 의무사항이 아닌, 선택적 사항이라고 규정한 데 있다. 사실상 '표준주도시계획수권법'은 용도지역제가 도시계획과 부합할 것을 요구하지도 않았다. 따라서 많은 지자체가 일반적인 종합계획도 없이 용도지역제 조례만을 입안하고 채택했다. 그 결과 도시계획과 용도지역제의 관계가 목적과 수단의 관계인지, 혹은 전체에 대한 부분의 관계인지를 규명하는 것이 도시계획학자들 사이에 중요한 쟁점이 되었다. 양대 표준법이 제정된 후 공무원을 포함한 도시계획 실무자들은 다음과 같은 문제에 직면했다(Kent, T. J. JR, 1990: 33-59).

1) 용도지역제 조례와 종합도시계획 간의 혼란

도시계획은 장기적 추세를 예측하고 일반적인 내용을 다루지만 민간 부동산에 대한 법률적 구속효과는 없다. 그러나 '용도지역제 조례'는 단기적이고 상세하며 개별 부동산에 대해 법적 구속력을 갖는다. 그럼에도 불구하고 양 제도는 혼란을 일으켰다.

'표준주도시계획법' 각주38에서 추가로 설명하는 '조닝 플랜'은 '용도지역도(zoning map)'와 종합도시계획에 들어가는 설계제안서의 도면과 혼란을 일으켰다.

1928년 법은 종합도시계획에는 계획대상구역 인근지역까지 포함해서 건축물과 필지의 용도, 입지, 규모, 면적, 높이를 통제하기 위한 '조닝 플랜'이 작성되어야 한다고 명시함으로써 혼란을 부채질했다. 이러한 혼란의 결과, 많은 지자체들이 용도지역제의 근본이 되는 토지이용계획을 작성하지 않고 용도지역을 결정했다.

2) 도시계획의 단편적 채택

'1928년 법'은 완전한 '종합계획' 대신 부분계획의 채택을 허용했다.

또 본 법은 한편으로는 도시계획의 각 부분들이 서로 내적으로 유기적
으로 연결될 필요가 있다고 강조하면서, 다른 한편으로는 지리적 또는
기능적으로 부분 계획을 채택할 수 있게 했다. 종합계획이 갖는 가장 중
요한 목적은 지리적으로 분절된 여러 부분들을 지자체의 기능적 요소로
서로 조절하는 것이다. 그러나 종합계획 고유의 목적이 도시계획의 단
편적 채택을 허용하는 규정에 의해 훼손되었다. 그 결과 도시계획의 작
성을 준비하는 일선 공무원이나 실무자들이 종합계획을 작성하는 데 필
수적인 폭넓은 관점을 읽어버렸다.

3) 도시계획의 기술적 요소에 대한 정의의 결여

'1928년 법'은 종합계획이 취급하는 물리적 개발에 필요한 요소들에
대해 명확히 정의하지 않았다. 이로 인해 도시계획을 법률에 의존해서
집행하는 일선 도시계획 공무원들은 혼란을 겪었다. 이러한 중요한 용
어를 충분히 정의하지 않았기 때문에 도시계획의 단편적 채택 그리고
용도지역제 조례와 도시계획 간의 관련성에도 혼란을 야기했다. 그 결
과 종합계획은 최소한 ① 토지이용, ② 지자체 시설, 그리고 ③ 교통체
계가 포함되어야 한다는 합의가 도출되는 데만 수년이 걸렸다. 게다가
법조문과 각주 사이의 모순은 혼란을 더욱 가중시켰다.

4) 자치제 입법기구의 불신

'1928년 법'은 '도시종합계획'을 입법기구보다 오히려 '도시계획위원
회'에서 채택하도록 결정하였다. 이 같은 결정은 광범위하게 받아들여

졌고, 오늘날 도시계획의 관행으로 굳어졌다. 결과적으로 도시계획은 정치적 의사결정의 주류로부터 고립되었고, 도시계획은 정교하고 기술적인 것이 되었다. 이것은 1930년대와 1940년대에 작성된 많은 도시계획들이 도시의 실제적 발전에 큰 효과를 발휘하지 못하는 원인으로 작용하였다. '1928년 법' 제정자들은 지자체 입법의원들이 지자체의 물리적 개발을 위한 정책을 결정할 능력이 부족하다고 판단했다. 그래서 '1928년 법'은 입법기구의 통제로부터 자유로운 독립적인 '도시계획위원회'를 구성하도록 했다. '1928년 법'은 또한 도시계획을 공개하지 못하도록 해, 도시계획이 비밀문서와 같은 효과를 갖게 되었다. 그러므로 도시계획은 대중적 토론을 통해 결정되지 않았고 불가피하게 전문 기술자들에 의해 정형화되는 비공개 정책이 되었다.

3. 표준주도시계획법의 발전

연방정부는 각 자치체가 도시종합계획을 작성하도록 독려했으며, 그에 따라 도시종합계획의 작성이 활발하게 진행되었다.

연방정부는 자치체가 도시종합계획을 마련할 경우, 지원금을 제공했다. 예를 들면 1949년 '주택법'은 슬럼 지역의 정비를 위해 연방 지원금을 신청하는 지자체는 반드시 '도시종합계획'을 수립하도록 했다. 그리고 1954년 '주택법'은 의회로 하여금 '도시종합계획'의 수립을 지원토록 명시했다. 연방정부와 주정부의 재정지원의 결과 미 전역의 많은 지방정부가 도시계획 담당 부서를 산하에 두고, 도시종합계획의 작성업무를 추진했다.

근래에는 도시계획의 법적 지위가 많이 향상되어 도시계획의 채택을 의무화한 주가 많아졌으며, 특히 '용도지역제'가 '도시계획'과 부합되어야 한다는 점을 의무규정화하고 있다. 즉, 계획과 집행의 일치, 계획에 위한 집행, 집행에 의한 계획의 실현을 강조하는 것이 근래의 추세이다 (Mandelker, D. R., 1978: 24-26).

4. '마스터플랜'과 용도지역제

오늘날 거의 모든 미국의 주에서 시행중인 '도시종합계획'과 '토지이용규제'의 법률적 근거는 앞서 기술한 바와 같이 1920년대 말 미 상무부가 제안한 양대 표준법이라고 할 수 있다. 그래서 대부분의 주는 자치체의 도시계획과 용도지역제를 위한 별도의 수권법을 갖고 있다.

연방대법원은 '유클리드 마을' 대 '앰블러 부동산' 회사의 소송(1926)에서 용도지역제를 타당한 경찰권의 행사라고 판결했다. 그 결과 지자체 의회가 '표준주지역제수권법'의 권한으로 조례를 통과시켜 토지이용을 계획하고 규제하는 권한을 행사할 수 있게 되었다. '표준주지역제수권법'은 자치체가 일반시민의 생활에 가장 민감한 영향을 미치는 용도지역제를 지정하고 토지를 각기 다른 규제의 대상이 되게 하는 '지구'로 구분하는 권한을 자치체에 부여한다.

만약 용도지역제가 도시계획의 폭넓은 부분 중 일부분만을 시행하는 수단이라면 계획이 없는 용도지역제는 전체 지자체의 공공복지의 향상을 위해 토지이용 규제과정과 조화를 이루지 못할 수 있다. 따라서 도시계획을 수립하는 법률이 필요한데, 그것이 '표준주도시계획수권법(이하

'표준도시계획법')'이다.

'표준도시계획법'은 '도시종합계획'이 담아야 할 내용을 다음과 같이 열거하고 있다. '도시종합계획'은 토지 위에서 일어나는 활동의 입지, 형태, 물리적 구조의 디자인과 형태, 그리고 이러한 활동을 서비스하는 시설을 포괄해야 한다('표준도시계획법 6조', '일반적 권한과 의무', 1928).

그리고 '표준도시계획법'에서는 '도시종합계획'이 물리적 시설에 대한 수요 예측, 바람직한 활동에 대한 토지의 할당, 미학적 필요성에 따른 오픈 스페이스(개방 공간)의 보존에 기여해야 한다고 규정한다. 이와 같이 '표준도시계획법'은 학교, 도로, 상하수도 시설, 소방, 치안 등 쾌적성을 향상시키는 시설의 건설을 위한 도시계획은 지방정부가 담당하고, 민간의 토지이용은 도시계획과 부합하는 용도지역제와 택지분할규제 조례로 통제하도록 규정한다.

'도시종합계획'의 작성에 대한 규정이 법령으로 제정된 후에는 '토지이용규제'가 도시계획과 부합하거나 최소한 양립해야 하기 때문에 '도시종합계획'은 도시계획 분야의 헌법의 지위라 하겠다(Haar, C. M., 1955). '표준도시계획법'은 지자체가 '도시계획위원회'를 구성하도록 했으며 높이, 면적, 체적, 입지를 통제하고 해당 건물의 부속부지의 이용을 위해 '용도지역계획(zone plan)' 또는 '조닝 플랜(zoning plan)'을 포괄한다고 기술하고 있다.

그리고 '도시계획법'은 과정지향적이었기 때문에 실제적인 정책 내용은 포함하지 않는다. 1928년 미 상무부의 '표준주도시계획수권법'은 자치체가 도시계획을 수립할 수 있는 권한을 부여했으며, 또한 도시종합계획에 담겨야 하는 주제와 요소들을 상세하게 열거했다.

5. 표준도시계획법과 용도지역제의 일치성

양대 표준법이 '용도지역제'와 '도시종합계획'과의 관계를 규정하거나 또는 '용도지역제'와 별개로 작성된 '도시종합계획'과의 일관성을 처음부터 요구했는지는 명확하지 않다.

'표준주지역제수권법' 3절은 '용도지역제는 도시종합계획과 부합되어야 한다'고만 간략하게 명시되어 있다. 이 구절로 '도시종합계획이 전제되지 아니하는 용도지역은 존재할 수 없다'고 주장할 수도 있다. 그러나 그 같은 주장은 2가지 점에서 받아들이기 힘들다. 첫째, '표준주지역제수권법(표준지역제법)'이 '표준주도시계획수권법'보다 먼저 제정되었기 때문에 용도지역제가 부합하고 싶어도 부합의 대상인 '도시계획법'이 부재했다. 둘째 '도시계획법'이 최종적으로 제정되었을 때, 도시계획은 지자체가 작성해야 하는 필수사항이 아닌 선택사항으로 규정되었기 때문이다(Mandelker, D. R., 1997: 81).

'표준지역제법'의 각주22를 보면 초안 작성자들이 독립적인 '도시종합계획'을 염두에 두지 않았다는 것을 알 수 있다. 각주는 다음과 같이 규정하고 있다. '부합해서(in accordance with)'라는 단서는

임의적이거나 단편적인 용도지역제를 금지하며, 따라서 종합적인 연구 없이는 어떠한 지역제도 추진할 수 없다('표준주지역제수권법' 각주 22, 1924).

이 구절은 지역제 권한 행사의 전제 조건으로 별도의 종합계획을 준비하는 게 아니라 지역제는 지방의 여건에 대한 종합적인 검토에 기초해서 착수해야 하는 것으로 이해되었다.

<사진 5-1> 표준주도시계획수권법 원본

·출처: 미시건주립대학교 도서관 소장, 2004. 1.

'도시종합계획'의 내용과 역할을 정의한 '표준도시계획법' 조항이 이러한 해석에 힘을 실어주었다. 그리고 도시종합계획은 기반시설 정비프로그램에 치중하다 보니 물적 요소를 강조하였다.

시 도시계획위원회의 역할과 의무는 위원회가 본 플랜과 관계 있다고 판단하는 인근 지역을 포괄하여 지자체의 물리적 개발을 위한 마스터플랜의 수립과 채택에 있다. 위원회는 지도, 도면, 차트, 기술서와 함께 무엇보다도 마스터플랜에 담길 도로, 관거, 지하도, 교량, 수로, 수변, 대로, 산책로, 놀이터, 광장, 공원, 공항부지, 그리고 그 외 다른 공로와 부지와 공터의 개괄적 입지와 특징과 범위, 공공청사와 그 외 다른 공공자산의 개괄적 입지와 범위, 공공기관 혹은 민간이 소유하거나 운영하든지간에 물, 채광, 위생, 커뮤니케이

션, 전력과 그 외 다른 용도를 위한 공공설비와 터미널의 개괄적 입지와 범
위, 상기한 도로들과 부지와 공지와 건물들과 자산과 설비들과 터미널의 제
거, 위치변경, 확장, 축소, 존치, 방치, 용도변경 혹은 확장, 그리고 건축물과
부지의 고도, 면적, 체적, 입지, 용도의 통제를 위한 조닝 플랜 등을 포함한
상기한 영역의 개발에 대해 권고한다. 위원회는 마스터플랜 작업 과정에서
간혹 지자체의 일개 혹은 그 이상의 해당 부서와 관련되거나 혹은 마스터플
랜에 포함되어야 하는 기능적 문제들 중 상기한, 혹은 그 이외의 문제들 중
일개 혹은 그 이상의 문제들과 관계되는 마스터플랜의 일개, 혹은 몇몇 부분
을 채택하여 공표할 수 있다. 또 위원회는 수시로 마스터플랜을 수정하고 확
장하고 추가할 수 있다('표준주도시계획수권법' 제6절, 1928).

'표준도시계획법' 제6절은 시 도시계획위원회가 도시계획의 적용대
상인 관할구역 내의 개발에 필요한 항목들을 추천함을 규정하고 있으
며, 그리고 도시계획에서 다루어야 하는 요소들을 열거하고 있다. 부언
하면 시 도시계획위원회는 '표준도시계획법' 6절에 열거된 도시계획 요
소들, 즉 가로, 오픈 스페이스, 공공기반시설과 관련되는 시설들을 추천
하도록 되어 있다. 후반부는 '조닝 플랜'이 토지이용에 관한 내용을 담
을 것을 요구하고 있다. 그러나 제6절의 각주(표준주도시계획수권법, 1928,
각주 38)에서는 '조닝 플랜'의 형태에 관해 본문과 모순적인 내용을 포
함하고 있다.

38. 조닝 플랜(zoning plan)
　조닝 플랜(zoning plan)이 없고, 지역제위원회(zoning commission)가 구성
되지 않은 곳에서는 도시계획위원회가 지역제를 마련해야 한다. 상기 구절은
지역제수권법이 도시계획법을 채택하고자 하는 주에서 발효 중임을 전제로
한다. 그러나 지역제수권법이 제정되어 있지 않다면 일반 도시계획법의 일부

로 지역제수권법이 적절하게 확보되고, 편입되어 제정되어야 한다. 이를 위해서는 상무부가 발간하여 29개 주가 따르고 있는 표준주지역제수권법과 조닝프리머를 참고하면 좋다(출처: 표준주도시계획수권법, 1928, 각주 38 '조닝플랜').

표준주도시계획수권법(1928) 이전에 표준주지역제수권법(1924)이 채택되었기 때문에 표준도시계획수권법을 채택한 주에서만 '지역제수권법'이 유효하다는 설명은 앞뒤가 맞지 않는다. 그리고 지역제수권법에 의해 이미 지역제규제가 작성되고 있었기 때문에 오히려 도시계획위원회가 없는 곳에서도 지역제 규제가 이루어지고 있었다. 그러므로 각주 38에서 추가로 설명하는 '조닝 플랜'이 지역제수권법에 의해 작성되는 지역제를 지칭하는 것인지, 아니면 별도의 '조닝 플랜'을 지칭하는지 혼란을 일으켰다.

'표준도시계획법'은 각주를 통해서도 '용도지역제'와 '도시종합계획' 간의 관계를 분명하게 규정하지 못하고, '도시종합계획'은 주로 공공시설만을 대상으로 삼고, '조닝 플랜'은 종합계획과는 별도의 문서라는 점만을 시사하고 있다. 따라서 '표준주도시계획법'은 도시 자치체의 물적 구성을 '골격'에 해당하는 공공·공익시설(그 건설은 주로 각종 정부)과 육질에 해당하는 각종 시설(건설은 주로 민간단체)로 구분해서, 후자는 지역제에 맡기고, 전자는 도시계획위원회에 조정과 규제를 맡기고자 한 것으로 파악된다(渡辺俊一, 1985: 215).

그럼에도 불구하고 '표준지역제법'의 '부합해서(in accordance with)'라는 단서가 별개의 도시계획을 요구한다면, 그것은 공공시설을 포괄하는 '종합계획'의 한 부분에 의해서가 아닌, 도시계획법상의 '조닝 플랜'에 의한 것이어야 한다고 이해할 수 있다.

공공시설을 대상으로 하는 '종합계획'과 민간이 공급하는 시설을 담당하는 '조닝 플랜' 간의 관계가 명백해짐에 따라, 표준도시계획법에서 규정한 '마스터플랜'은 단지 공공시설의 건설만을 함축하고 있다고 이해되어야 한다.

게다가 이러한 관점에서조차 '종합계획'의 역할은 자문적인 역할에 머물러 있다. 공공시설의 건설은 도시계획위원회의 심의를 통해 승인받아야 하며, 정부기구 전체 위원의 2/3의 투표로 위원회가 부결시킨 안건을 무효화할 수 있게 했다. 도시종합계획이 단지 자문적인 역할에 불과하고, 공공시설의 공급에만 관여한다면 양대 표준법 작성자들이 '도시종합계획'에 '용도지역제'의 타당성 여부를 구속하는 권한을 부여하는 것을 의도하지는 않았을 것이다.

'종합계획'의 자문적 지위에 대한 하나의 예외는 '표준도시계획법'의 택지분할규제에서 나타난다. '도시계획위원회'는 택지분할을 심사할 때 중요한 도로의 '가로망 계획'을 작성했는지 여부를 승인의 기준으로 고려했다. 왜냐하면 잘 짜여진 '가로망 계획'은 분명히 공공시설에 포함되는 종합계획의 하나의 요소이지, '조닝 플랜'에서 다루는 내용은 아니기 때문이다.

그러므로 '표준도시계획법'과 '표준지역제법'은 '조닝 플랜'을 정의하는 데 실패했으며, '용도지역제'와 '도시계획'의 관계를 명확하게 규정하지 못했다. '양대 표준법'의 상호관계에 대해 설명을 요구받은 초기 미 법원은 '용도지역제 조례'의 규정 내에서만 용도지역제와 종합계획의 합치성이 요구된다고 좁게 해석했다.

6. 일치성 논쟁

양 제도의 상호관련성의 해석을 요구받은 초기 법원은 '도시종합계획'과 '용도지역제'와의 관계를 인정하지 않았다고 해석할 수 있다. 법원은 '용도지역제 조례'의 채택과 시행을 위한 근간으로서 '도시종합계획'을 요구하지도 않았다. 많은 주에서 '도시종합계획'의 채택을 의무화하지 않았으며 '도시계획'과 '용도지역제'가 일치해야 한다는 사실을 거부하기조차 했다. 그러나 몇몇 주에서는 일치를 요구하기도 했다. 이 같은 현상은 양대 표준법이 탄생한 초기부터 '용도지역제'와 '도시계획'이 통합되지 못했음을 보여준다. 이상에서 살펴본 것과 같이 초기의 복잡다단한 모습이 미국 도시계획을 이해하는 데 어려운 이유이다.

1) 단일적 관점과 대체론

'표준도시계획법'의 내용 중 도시계획 제도가 기능하는 데 영향을 미친 가장 중요한 규정은 지방정부가 도시계획을 의무적이 아닌 선택적으로 채택하도록 한 규정이다. 이 규정으로 말미암아 지자체는 '도시종합계획' 없이 지역제를 채택할 수 있게 되었다. 초기에 법원도 용도지역제 조례의 채택과 시행은 도시종합계획의 채택여부와 무관하다는 판결을 내렸다.

'표준주지역제수권법' 3절은 도시종합계획이 의무적이든지, 선택적이든지와 상관없이 용도지역제가 도시종합계획과 일치해야 하는지 그렇지 않은지가 결정되어야 한다. 이 구절은 용도지역제는 도시종합계획이 존재한다면 종합계획에 '부합해서(in accordance with)'라는 구절이 어떻게 해석되어야 하는지에 대한 법원의 설명을 필요로 했다.

그러나 '표준주지역제수권법' 각주 22는 다른 설명을 하고 있다.

이것은 위험하거나 또는 단편적인 지역제를 방지할 것이다. 어떠한 지역제
(zoning)도 종합적 연구 없이 이루어져서는 안 된다('표준주지역제수권법',
1924, 각주 22).

지역제는 단편적인 내용으로 구성되어서는 안 되고 종합적으로 이루
어져야 한다고 정의하고 있기 때문이다. 이러한 내용을 법원은 판결하
기를 지역제 조례는 법에 의해 충분히 고려된 '종합계획'을 뜻한다고 해
석했다. 그리고 별도의 문서로서 종합계획의 채택은 필요치 않다고 했
다. 이러한 견해는 지역제를 자기완결적 활동으로 생각했기 때문이다.
그리고 '조닝 스킴(zoning scheme)'은 법률적으로 종합계획과 동등하다고
판단했다. 이러한 관점을 '단일적 관점'으로 분류할 수 있다(Sullivan, E.
J. and Kressel, L., 1975: 45).

법원은 대부분의 경우 '부합해서'라는 단서가 지역제 권한 행사의 전
제 조건으로 '도시종합계획'을 요구하는 것은 아니라고 해석했다. '부합
해서'라는 구절은 종합계획에 대한 '일치성'을 요구하기보다는 용도지
역제에 대한 공정성과 합리성을 요구한다고 판결했다.

또한 초기의 용도지역제 사례에서는 이 단서가 변덕스럽고 자의적인
지역제 권한의 행사를 방지하고자 하는 것으로 해석되었다. 이처럼 '부
합해서'라는 구절이 지역제의 합리적 과정과 종합적 접근을 위해 단편
적 접근을 피할 것을 의미한다는 견해도 설득력이 있었다.

이 외에도 양대 표준법에 근거한 용도지역제와 도시종합계획을 모두

채택하는지에 대한 혼란이 있었다. 심지어 '부합해서'라는 구절이 용도지역제가 토지이용을 통제하는 틀을 제공한다는 추정마저 낳았다. 또 합리적이고 종합적으로 개발된 '용도지역제 조례'는 '도시종합계획'을 대체한다는 '대체론'이 우세했다.

2) 계획요소론

단일적 관점과 대체론 이외에도 '부합해서'라는 구절이 '용도지역제는 그 자신보다 폭넓은 기반 위에 있다고 시사하면서, '도시종합계획'과 부합하지 않는 지역제 조례는 표준지역제법에 부여된 권한을 넘어서는 것이라는 견해도 있었다.

용도지역제는 장기개발 지침인 종합계획을 시행하는 수단 중의 하나이다. 그러나 '표준주도시계획수권법'에서 '조닝 플랜'이 채택되면서 용도지역제가 도시계획을 대체해도 된다는 견해가 도시계획 전문가들 사이에서 우세했다. 그러나 용도지역제는 도시계획의 대체물이라고 할 수 없다. '용도지역제'는 도시계획의 한 요소'라는 해석에 대해 '용도지역제는 도시계획의 대체물'이라는 서로 다른 견해에 대한 절충으로서 일부 주에서는 용도지역제 조례가 '토지이용을 위한 마스터플랜에 부합되어야 한다'는 해석을 제시하면서, 용도지역제 조례와 마스터플랜의 관계를 계획과 규제의 관계로 파악했다. 따라서 마스터플랜이 용도지역제의 필수요건은 아니지만 토지이용계획이 수립되어 있다면 용도지역제는 이 계획에서 제시하는 계획요소와 기준을 시행해야 한다고 보았다. 이러한 견해를 '계획요소론'으로 분류할 수 있다.

3) 계획의무론

일부 법원은 용도지역제 도면을 수정할 때 수정 내용이 도시종합계획과 일치하지 않는 경우 이를 허용하지 않았다. 오리건 주는 지방정부에 대해 도시종합계획의 채택을 의무화하고 도시종합계획과 일치하는 토지이용 결정을 요구함으로써 계획으로서의 용도지역제는 그 효력을 상실했다. 그러므로 토지이용의 규제적 지침을 위한 용도지역제와는 독립해서 채택된 마스터플랜과의 '일치성'을 유지해야만 한다. 마침내 도시종합계획이 성숙한 단계에 도달한 '계획의무론'으로 분류할 수 있다. 이와 같은 양대 표준법의 상호관련에 대한 해석의 결과는 어떤 조례도 그것과 일치하는 '마스터플랜'의 존재 없이는 타당할 수 없다는 원리의 재확인이었다. 더 나아가 '마스터플랜'은 '주 종합계획'과도 일치할 것을 요구받았다.

그러나 실제로는 '지역제수권법'이 '도시계획수권법'보다 먼저 제정되었기 때문에 종합지역제 조례를 갖고 있는 도시들 중 약 절반은 '도시종합계획'을 수립하지 않는 난맥상을 보였는데, 이것이 바로 미국 도시계획이 처한 실상이었다.

4) 수평적 합치성과 요소성

'표준주지역제수권법' 3절의 '용도지역제의 각종 규제는 도시종합계획과 일치되게 규정되어야 한다'는 규정은 '목적수단설'의 근거로 활용되고 있다. 즉, '도시종합계획'은 물적 개발에 관한 장기적이고, 종합적인 정책 목표를 제시하는 것이며, 지역제 등의 각종 수법은 그 목표를 실현하기 위한 수단이라는 것이다. 따라서 양자의 관계는 제너럴플랜 (general plan)을 목적으로 하고 각종 실현수법을 수단으로 하는 관계이다.

또한, '표준주지역제수권법' 각주 41의 '모든 조닝 스킴은 도시계획의 일부로서 수행되어야 한다(all zoning schemes should be worked out as an integral part)'는 규정은 제너랠플랜과 지역제의 수평적 합치성으로 해석된다. 또한 표준도시계획수권법 6절에서도 계획요소를 5개로 구분하면서, 마지막 5번째의 계획요소로 '조닝 플랜'을 제시하고 있어, 지역제는 마스터플랜의 한 요소라고 이해되었다. 일본 동경공업대학 와다나베 교수는 양대 표준법에서 지역제와 제너럴플랜의 관계는 내용적 합치이라는 의미에서의 '합치성(수평적 합치성)'이 제2차세계대전 전 미국 도시계획 제도를 지배한 관념이었다고 주장하고 있다(度辺俊一, 1985: 213-214).

7. 도시종합계획과 용도지역제 불일치의 논리

점차적으로 용도지역제에 의한 토지이용규제는 도시종합계획과의 일치를 향해 나아가고 있었다. 그러나 다음과 같은 다양한 이유로 용도지역제에 의한 토지이용규제가 실패하게 된다. 그 사례를 전체 지역론, 임시조례론, 단편적 규제론 등 3가지 범주로 분류해서 설명할 수 있다(Haar, C. M., 1955: 1158-1166).

1) 전체지역론

전체지역론은 '용도지역제' 조례가 지자체 경계 내의 토지 전체를 규제하지 못할 때는 그 효력을 상실한다는 견해이다. 그러므로 도시의 특정 지역에만 적용하는 규제는 사실상 주와 연방헌법의 '합당한 절차이행'과 '동등보호조항' 위반에 해당한다. 나아가 '지역제수권법'이 인정하는 '도시종합계획'과 일치되게 규제해야 한다는 '일치성'의 원리에도 어긋난다.

지리적으로 지자체 경계구역 내 전체를 다루어야 한다는 '전체지역론'과 차별되는 관점이 용도지역제 조례가 합리성을 띠고 있을 때에는 용도지역제가 전체가 아닌 일부 지역만을 다룬다 해도 그것이 효력을 상실할 하등의 이유가 될 수 없다는 관점이다. 이를 편의상 '합리적 관점'이라 하자. 부연하자면 '합리적 관점'은 용도지역제가 지자체의 특정 지역에 대해서만 지역구분을 한다 해도 그것이 합리적이기만 하다면 충분하다고 평가한다.

용도지역제가 도입되던 시기에는 산업화가 도시지역에서 빠르게 성장하는 중이었기 때문에 용도지역제가 시급하게 필요했다. 그래서 '부분적 지역제'를 지지하는 경향이 있었다. 그러나 아무리 '부분적 지역제'가 설득력 있는 이유를 갖추었다 해도 다수의 복지보다는 선택된 소수의 편익을 위해 행사될 수 있기 때문에, 임의적이고 차별적이라는 이유로 기각되었다. 이 사례로부터 용도지역제 조례는 도시 내 일부 지구나 가로에만 적용되는 것이 아니고 도시 전체에 적용되어야 한다는 원리가 만들어졌다. 따라서 용도지역제 조례는 지자체 경계 내 전체 지역에 적용되지 않으면 이미 효력을 상실한 것과 진배없다. 그러나 용도지역제 조례가 전 지역을 포괄해야 한다는 '전체지역론'에 대해서도 다양한 이견이 제기되었다.

그 중 하나는 '지역제수권법'에서 요구하는 종합성을 갖추기 위해서는 지자체 관할구역 전체를 포함해야 한다는 관점에서 다소 완화된 관점이 뉴저지(1949) 법원에서 이루어졌다. 종합성의 요구에 대해 다소 완화된 '실질적인 전체지역'론이다. 조례의 대상으로 하는 범위가 '지자체 전체 구역'에 못 미치고 '지자체 대부분의 지역'만을 포함해도 '마스터 플랜'과 '지역제'의 일치가 이루어졌다고 간주하는 완화된 관점이다.

한편 '포괄적 용도지역제'가 합리적이라 해석하는 법원에게 불완전한 용도지역제는 비합리적이고 자의적이며 법률적으로도 틀린 것이다. 그러나 불완전한 용도지역제라 할지라도 그것이 특별한 사실에 의해서 정당화된다면, 비록 어느 한 지역만 용도지역을 지정하는 '부분지역제'도 정당화될 수 있다. 이러한 '합리성'의 관점에서 부분적으로 제한된 지역을 용도지역으로 지정하는 것은, 지자체가 유사한 조건의 다른 지역도 동일하게 지정하는 경우에 한해 허용될 수 있다.

2) 임시조례론

'임시조례론'은 도면을 갖춘 완전한 조례가 제정될 때까지 도면 없이 현상을 보존하기 위해 급하게 준비된 조례이다. '임시조례' 역시 '종합성'을 갖추지 못했기 때문에 거부당하게 된다. 이러한 목적으로 작성된 조례는 '표준주지역제수권법'에서 요구하는 청문회나, 보고서 작성 같은 요구사항을 충족시키지 못하기 때문에 절차적인 근거미비로 무효가 된다.

그러나 임시조례 작성의 합리적 이유를 갖추면 임시조례는 일반적인 용도지역제 권한의 행사로 인정되기도 하였다. 종합적이고 영구적인 용도지역제 조례를 작성하기 이전에 부동산 소유자들이 사전에 미리 개발

하는 것을 방지하기 위해 도시의 토지이용을 일시적으로 금지시킬 필요
가 있었다. 이때 일부 주에서는 '임시조례'를 인정했다.

3) 부분적 규제론

'용도지역제규제'가 '도시종합계획'에 부합하는 데 실패하는 가장 큰
이유는 토지이용의 3가지 요소―용도, 높이, 면적―모두를 종합적으로
통제하지 못하는 경우가 있었기 때문이다. 조례에 의해 높이, 용도, 면
적을 개별적으로 규제하는 것보다 계획 요소를 모두 포함해서 규제하는
종합적인 형태의 용도지역제 기법이 합리적이다. 그러므로 모든 요소를
포함해서 통제하지 않는 조례는 종합성이 결여되어 법률적 효력을 잃게
된다. 그러므로 여러 요소를 포함하는 종합적인 규제 장치야말로 적용
할 때 차별적이지도 않으며, 합리적으로 규제한다고 보는 것이 설득력
있다.

8. 마스터플랜의 복귀

양대 표준법이 작성되던 시기는 지방 현지의 토지이용 관련 주제에
국한하던 시기였다. '표준주지역제수권법' 작성자들은 토지이용 갈등을
해결하기 위해 '공공불법행위' 개념을 적용했다. 예를 들면 주변에 부정
적 외부효과를 일으키는 용도로부터 주거지를 보호하기 위해 경계를 구
획한다. 그러므로 토지이용 규제체계는 갈등하는 용도를 분리해서 갈등
을 해소하고자 하였다. 따라서 지방중심적인 특징을 띠게 된다.

또한 양대 표준법은 지방정부에게 어떤 실제적인 정책의 수립을 요구하지도 않았다. '표준도시계획법'이 가지고 있는 과정지향성은 결과적으로 커뮤니티가 퇴행적 사회정책을 선택할 여지도 주었다.

특히 '표준도시계획법'은 지방정부가 '마스터플랜'을 작성하고 채택하는 것을 의무사항이라기보다 선택사항으로 삼았다. 그리고 '마스터플랜' 속에 의무적으로 다루어야 할 항목도 정하지 않았다. '표준도시계획법'은 도시계획이 잘못 집행됐을 때 처벌할 수 있는 어떤 제재조항도 갖고 있지 않았다. 따라서 도시계획을 채택하는 제도적 기반으로는 무척 허술했다고 할 수 있다.

미국의 근대 도시계획에서 지역제와 마스터플랜의 관계는 '일치성' 논쟁을 핵심으로 하면서 계획에 일치하는 규제를 지향해왔다. 최근의 동향은 '도시종합계획'의 역할이 광범위하게 인정되어 '마스터플랜'이 도시계획의 제왕의 자리로 되돌아가는 추세이다. 즉, 용도지역제 지정상황은 도시계획, 즉 '마스터플랜'과 일치할 것을 요구하고 있다. 그 이유는 도시종합계획을 작성하지 않은 채로 제정되는 용도지역제와 용도변경은 임시적이고, 임의적일 수 있기 때문이다. 또한 도시종합계획이 없다면 용도지역제 수립과정이 내적 일치성을 유지할 수 없게 된다. 그러므로 지방정부에게 '마스터플랜'의 채택을 의무로 하는 주가 늘어나고 있고, 그것이 대세라고 할 수 있다.

뉴저지 주는 1928년 '표준도시계획수권법'이 처음 공표될 때는 없었던 많은 토지이용 규제기법을 채택해서 사용하고 있다. 결국 용도지역제 조례는 마스터플랜과 일치하는 것이 용도지역제 수권법의 현대적 모습이라고 할 수 있다(Mandelker, D. R., Cunningham, R. A. and Payne, J. M., 1995: 202).

도시종합계획의 작성을 강제한 가장 눈에 띄는 방식은 와이오밍 주에서 채택한 '주 재정 지원 프로그램'이다. 도시종합계획을 수립한 지방정부가 계획에 따른 집행을 할 수 있도록 재정적으로 우선 지원했다. 그 결과 토지이용 프로그램은 지방정부의 관할구역을 넘는 토지이용계획과 통제과정에 대해서도 일치하는 도시계획행정을 할 수 있게 되었다.

뉴저지 주 '마운트 로렐(Maunt Laurel)' 사건에서 보이듯이 현실은 대도시권역 내 개별 자치체만으로는 해결할 수 없는 문제를 해결하는 기구의 창출을 요구하고 있다. 따라서 주와 광역 차원의 필요를 수용하는 '도시종합계획'의 수립과 그에 따른 집행이 요청된다. 시대적 압력이 도시종합계획의 형태를 띠는 '마스터플랜'의 복권을 요구한다고 할 수 있다.

용도지역제의 인기와 전파로 거의 사망 직전까지 갔던 종합계획이 오늘날에는 도시계획의 헌법적 지위로 복권되고 있다. 지금 시대적으로 요구받는 '도시종합계획'의 중요성은 양대 표준법 작성자들의 예상을 넘어서 있다(조재성, 2004b: 17). 성장을 통제하고, 조절하는 권한을 갖는 헌법으로서의 '마스터플랜'은 지방정부의 권한, 능력, 범위를 뛰어넘어 토지이용이 안고 있는 문제를 해결해야 하는 책임을 요청받고 있다. 한마디로 '마스터플랜'의 헌법적 지위로의 복권 그리고 '마스터플랜'과 집행수단으로서의 '용도지역제'의 일치성이 강조되는 것이 현재의 추세라고 할 수 있다.

제2부 현대 도시계획

6. 1961년 뉴욕의 지역제

유클리디언 지역제는 지나치게 경직되어 커뮤니티의 변화를 따라가지 못하고, 자치체의 개발압력이나 지역 현지에서 필요로 하는 구체적인 요구에는 제대로 적응하지 못했다. 따라서 오늘날 많은 자치체 조례는 유연적 지역제 기법을 포함하고 있다. 이 기법들은 전통적 용도지역제 규제보다 한층 상세한 규제 내용을 담고 있다.

대표적인 유연적 지역제 기법은 뉴욕의 인센티브 조닝을 꼽을 수 있다. 뉴욕 시의 개발이 최고조에 달했을 때 시는 인센티브 조닝을 채택했다. 도시 내에 쾌적성을 높이기 위해 광장을 제공하는 개발업자에게 당연한 권리로서 용적률을 추가해주는 보너스 제도를 도입했다. 뉴욕 시의 용적률 보너스 제도는 대성공을 거두어 1961년에서 1973년 사이에 뉴욕 시에는 9만m²의 공개공지가 공급되었다. 그리고 뉴욕 시는 개발권이양(Transfer of Development Right: TDR)제도를 채택해서 역사적으로 보존가치가 있는 상징적 건축물을 보호할 수 있었다. 뉴욕 시는 새로운 토지이용 규제기법의 선구자라고 할 수 있다. 도시는 가만히 고정된 채로 있지 않기 때문에 지역제수법도 가만히 멈춰 있을 수는 없었다.

1. 새로운 지역제 규제

1916년 지역제 조례는 무엇이 건축될 수 없는지를 사전에 예고하는 '소극적 규제(negative control)'인 데 반해 1961년 지역제는 각 지구에서 허용되는 용도를 상세하게 설명해주는 '적극적 규제(positive control)' 방식이다. 1961년 지역제는 1916년 지역제 조례와 근본적으로 다른 규제 방식이다.

1960년대 이후 미국의 많은 도시들에서 대규모 개발사업을 추진할 때 건축물의 효용성과 쾌적성을 확보하기 위한 다양한 방안을 고심했는데, 그 중의 하나가 도심부에 적용하는 새로운 형태의 용도지역제의 도입이었다. 뉴욕 시의 1961년 조례는 1916년에 입안한 것으로, 외형적으로는 지역제 조례의 전통을 따르고 있지만, 그 핵심내용은 토지이용 규제와 체적규제를 지역제 규제로 결합해서 개발을 규제하는 완전히 새로운 방식이다.

1916년 조례는 도심부 상업지역에 고층건물의 건축을 허용할 때 건축물의 높이와 체적에서 나오는 갈등을 해결하기 위해 채광과 통풍, 공공 공간을 확보한다는 조건으로 대형건물의 입지를 허용하는 제도였다. 그러나 1961년 조례는 건축선 후퇴로 공지확보를 실현시키고자 하였다.

그리고 1961년의 용도지역제 조례에서는 기존의 '일률적 높이규제 방식' 대신 '건축선 후퇴 방식'을 채택했다. 이 새로운 방식은 건축선 후퇴에 의한 타워형 고층건물을 출현시키면서 현대 건축에 새로운 도시 건축양식을 출현시켰다. 그리고 다른 지역의 지역제 수정안에도 영향을 미쳤다. 1961년 뉴욕 시가 새로운 지역제 조례를 채택한 배경에는 뉴욕 시 경제를 활성화시키려는 목적이 있었다.

2. 1961년 뉴욕 지역제의 내용

1961년 뉴욕의 지역제는 건축물을 용적률로 제약하고 건축선 후퇴로 공지를 확보하고자 했다. 결과적으로 건축물의 연상면적은 제한하였지만, 건물형태의 유연성은 증대시켰다. 이러한 정책은 건물높이와 건축선 후퇴를 규제해서 '웨딩케이크' 또는 '계단형 건축물'을 양산했다.

상업지역에서 초고층건물의 최대 용적률을 15로 설정해 최대 용적률 30에 해당하는 이퀴터블빌딩(Equitable Building, 1915)의 1/2에 불과하게 되었다. 또한 1961년의 조례는 용적률과 밀도 보너스를 이용하여 '광장'과 '공개 공지'를 확보하려는 목적을 갖고 있었다. 예를 들면 용적률 10은 1만 제곱피트 부지에 대해 최대 10만 제곱피트의 연상면적을 허용하지만, 지역에 따라 차등적으로 연상면적의 규모를 허용했다. 이것은 건물 전면의 높이에 따라 건축물의 후퇴를 요구한다. 제약받지 않는 타워형 고층건물이 충분히 후퇴한다면 5% 이상 높일 수 있었다. 이 규제는 각 지구 주변의 가로폭과 관계가 있다. 건축선 후퇴의 목적은 일조와 환기를 차단하는 복도와 같은 거리가 만들어지는 것을 방지하고자 하는

<그림 6-1> 용도지역지정의 예(브루클린)

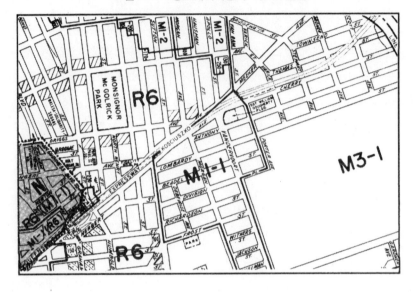

것이 목적이었다.

　1961년에는 일정한 조건을 충족하는 경우 용적률의 증가를 인정했다. 이 방식은 두 가지 유형이 있었는데, '플라자 보너스'와 '특별지구 보너스'였다. '플라자 보너스'는 고밀도 지구에 플라자와 아케이드를 설치하면 별도의 절차 없이 용적률을 높여주었다. 뉴욕 시에서는 1961년부터 1975년까지 15년 동안 플라자는 72만 m², 아케이드는 4만 5,000m²의 연상면적이 보너스로 주어졌다. 또한 도시계획위원회가 지정한 '특별지구'는 지구단위의 특성을 살릴 수 있는 도시환경을 창출한다는 목적으로 멋지게 디자인된 시설, 예를 들면 극장, 호텔, 주택 등에 대해 도시계획위원회의 재량에 따라 최고 44%까지 용적률 증가를 인정해주었다. '특별지구'는 '극장 특별지구', '그리니치 스트리트 특별지구', '5번가 특별지구' 등이 지정되었으며 15년 동안 15만 m²의 연상면적 보너스가

<그림 6-2> 용도지역 지정의 예(스타텐 아일랜드)

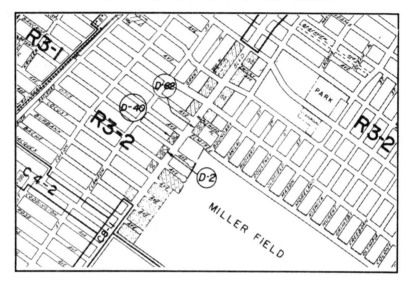

주어졌다. 뉴욕 시는 특별지구만 16개 종류를 운용하는 가히 특별지구에 의한 도시계획의 집행이라고 할 수 있다.

또한 1961년의 지역제 결정은 '천공노출면(Sky Exposure Plane)' 개념을 사용했다. 뉴욕 시는 업무용 건축물 수요를 충족시키면서 용적률 개념과 연계해서, 고층건물의 연상면적 허용치는 부지면적의 40%까지 허용했다. 기본적으로 건물의 전면벽은 '천공노출면'을 넘지 않으며 건물의 총용적은 용적률에 의해 통제받도록 했다.

뉴욕 시 도시계획도는 도시를 가로와 필지로 나누고, 용도지역제 지정상황과 그 외 여러 가지 목적을 띤 법률적 구속효과를 갖는 지침사항을 담고 있다. 뉴욕의 21개 용도지역 지구는 10개 종류의 주거지구, 8개 종류의 상업지구, 그리고 3개 종류의 제조업지구로 구성되었으며 도시내 모든 필지에 용도지역지구제가 지정되었다. 도시의 용도지역 도면에

는 지역지구에 따라 규제유형에 주거지역 R, 상업지역 C, 공업지역 M
을 붙여 표시했다. 용도지구의 종류는 대분류로 나누었을 때 주거지역
(R1-R10)은 10종류, 상업지역(C1-C8)은 8종류, 그리고 공업지구(M1-M3)는 3
종류로 세분해서 활용하고 있다. 따라서 건축물의 종류에 따라 나누어
지는 주거지역은 대분류에서 더욱 상세하게 세분되어 31종류가 되고 있
다. 1961년의 새로운 지역제는 각 필지에 허가된 연상면적의 규모와 형
태에 대한 상세한 규제를 통해 시가지의 개발을 규제했다.

주거지구(R6)와 중공업지구(M3) 사이에 경공업지구(M1)를 배치해서
중공업지구가 주거지구에 미치는 충격을 차단하고자 했다.

저밀도 주거지역에서 빗금친 지역은 서비스와 근린생활시설이 허가
된다.

3. 인센티브 지역제, 역사지구와 개발권 이양, 계획단위 개발 그리고 택지분할규제

1) 인센티브 지역제

전통적 용도지역제로는 확보되지 않은 쾌적성, 예를 들면 플라자, 아
케이드 등의 공개 공지와 보행자 공간, 그리고 냉·난방시설과 방재시설
등 비수익시설의 정비에 대한 보상으로 지역제에 의해 이루어지는 제한
을 완화하고, 프리미엄 방식으로 용적률의 증가와 형태규제의 완화 그
리고 허용용도의 확대 등을 인정하는 수법을 '인센티브 지역제(Incentive
Zoning)'라고 한다.

<그림 6-3> 시카고의 건축선 후퇴와 공지제공에 대한 용적률(FAR)
프리미엄의 예

.대지경계선에서 후퇴: 4@20'
.도로전면에서 후퇴:2@20'
.총 부지면적= 200'*200'=40,000sq.ft.
.각 층의 공지:14,400 sq.ft.(=200'*20'*2+160'*20'*2)

용적률 계산
a. 기본용적률: 16(허용용적률)+15%(공지제공 프리미엄)=18.40
b. 양 도로에서 20' 후퇴: 2*2.5 = 5.0
c. 대지경계선에서 후퇴한 건물의 용적률 보너스:
   (2.5*14,400sq.ft) /40,000 sq.ft. = 0.9
d. 건축물 높이(F.A.R. 24.3을 적용했을 때)
   24.3 * 40,000/25,600 sq.ft = 972,000 sq.ft./ 25,600 sq.ft. = 38층
e. 각 층의 대지경계선에서 후퇴에 대한 용적률 프리미엄.
   [(0.4*14,400sq.ft)/ 40,000] * 38 = 5.47

총 용적률= 24.3 + 5.47 = 29.77
f. 총 최대 건축 가능 연상면적
   29.77 * 40,000sq.ft=1,190,800 sq.ft.
g. 1,190,800 sq.ft/ 25,600sq.ft.= 46.5 층

도로
대지경계선
건축부지

1961년 지역제에 도입된 토지이용규제 기법 중에서 가장 새로운 기법 중의 하나가 '인센티브 지역제'이다. 이 제도에 의해 시민에게 쾌적성을 제공하는 개발업자에게는 법적으로 허용된 기본 용적률 이상의 연상면적을 보너스로 제공할 수 있게 되었다. 예를 들면 개발업자가 어떤 지역에 새로운 '공개 공지'를 제공하고자 상세한 공개공지 조성 시방서가 작성된 공원을 조성할 경우, 그 개발업자는 용적률을 20% 더 받을 수 있다.

또 다른 예로 1층에 아케이드를 두기 위해 상층부의 건축선을 후퇴시켜 '공개 공지'로 제공하면, 그 조건에 따라 법적으로 정한 기본 연상면적에 프리미엄으로 상면적을 추가하는 것이 가능하다.

'인센티브 지역제'는 도로, 공원, 광장 등을 정비하고 그리고 시가지 기반시설을 확보하며 여러 개의 부지를 집단적으로 이용하는 동시에 사선제한 등에 의한 부정형의 건축형태를 피할 수 있는 장점이 있다.

2) 개발권 이양과 역사지구 보존

'개발권 이양(Transfer of Development Rights: TDR)'은 어떤 특정 지역을 보호하거나 역사적 건축물을 보존하기 위해 어떤 부지에서 개발 가능한 규모의 용적률을 제한하는 대가로 개발가능 규모에 대한 권리, 즉 '개발권'을 다른 부지로 이전하고, 이전받는 부지에서는 규제완화 혜택을 보게 하는 제도이다. 따라서 상징적 건축물 때문에 개발이 제한되는 토지 소유주에게 보상하기 때문에 '수용'이라는 문제를 피할 수 있다. 이때 시 당국은 개발을 규제하거나, 완화하면서 '수용권'을 행사하여 재정부담과 재산세 손실을 줄일 수 있다.

시 당국은 역사적 건축물을 보존하고, 양호한 자연환경, 농지 등의 공개공지를 보전하거나, 용적률을 낮추어 도시를 정비하려는 등의 다양한 목적으로 '개발권 이양'을 인정한다. '개발권 이양'의 대표적 예는 뉴욕의 그랜드 센트럴 역의 '개발권 이양'을 들 수 있다. 뉴욕 시는 역사적 건축물인 그랜드 센트럴 역을 보존하기 위해 개발권 양도를 인정했다.

1961년 뉴욕의 지역제에 포함된 또 다른 주제는 '역사적 건축물의 보존'이다. 역사적 상징물과 역사보전지역을 지정 관리하는 별도의 규정이 1961년 뉴욕 지역제에 포함되었다. 1961년의 지역제에서는 개발업자가 사용하지 않은 '개발권'을 개발가능한 부지로 이양함으로써 '개발권'을 넘긴 자가 재개발 위협에서 벗어나 랜드마크를 보호하며, '개발권'이 이양된 부지에서는 개발 잠재력을 증대시킬 수 있었다. 이 기법의 참신성은 도시 내 랜드마크 보전뿐만 아니라 환경보전에도 광범위하게 사용되고 있다.

<그림 6-4> 역사적 건축물 보호를 위한 개발권 이양 사용의 예

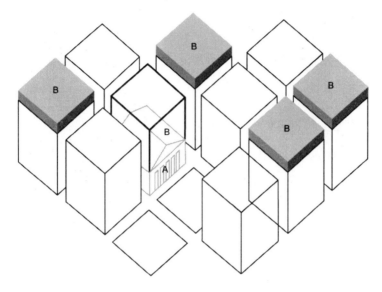

· 랜드마크 건축물 (A)에서 (B)만큼의 권리가 주변 건물로 이전되며, 주변건물에는 (B)만큼 용적률 보너스가 주어진다.

3) 계획단위개발

'계획단위개발(Planned Unit Development: PUD)'은 많은 수의 주택을 공급하면서, 집단화된 주택, 공동을 위한 개방공간의 제공, 밀도의 증가, 건물 형태와 토지이용의 혼합이 가능한 개발방식이다. '계획단위개발'이 사용되기 시작한 시기는 제2차세계대전 이후부터이다. 1960년대 들어와 대형 도시개발사업이 진행되면서 개별 부지단위에 근거한 전통적인 용도지역제로는 대규모 개발에 효과적으로 대처할 수 없었기 때문에 용도의 혼합이 가능한 '계획단위개발'이 인기를 끌었다. 계획단위개발

<그림 6-5> 전통적인 필지단위 개발방식

<전통적인 필지단위 개발>   <계획단위 개발>

·양 배치 모두 동일한 밀도이나, 계획단위 개발방식이 더 많은 공개공지를 갖고 있음을 쉽게
  알 수 있다.

은 부지단위의 접근방식이 아닌 대상구역 전체 토지에 대해서 계획한 후 계획구역 전체를 한번에 승인을 받는다. 계획단위개발은 주거지 개발에 흔히 사용되지만, 쇼핑센터, 공업 및 업무지구, 복합용도 개발에도 활용된다. 계획단위개발은 주거, 상업, 공업용도 모두를 하나로 통합해서 개발하는 방식이다. 그러면서 용도지역제 조례에서 요구하는 공공공간의 제공요구를 충족해야 한다.

계획단위개발의 목적은 다음과 같이 열거할 수 있다.

① 유연성 확보
② 용도지역제 조례의 요구사항을 수용하면서도 바람직한 생활환경 제공
③ 개발업자의 창의력 있는 개발방식 허용
④ 개방지의 효과적이고, 바람직한 이용 장려

⑤ 물리적 개발형태의 다양화

계획단위개발은 전통적인 필지단위 개발에 비해 복합적인 건물형태와 혼합된 커뮤니티를 창출하는 장점이 있지만, 개발업자에게 높은 쾌적성을 확보하기 위해 비싼 비용을 부담시킬 수도 있다. 하지만 계획단위개발은 일원화된 개발방식이고, 종합단지계획에 근거해서 더욱 바람직하고 매력적인 지역개발을 추구할 수 있는 방식이다.

4) 택지분할규제

택지분할규제는 경찰권에 기초한 통제이고, 지역제 수법과 함께 지방정부의 토지이용 통제장치로서 특히 주택지 개발에 매우 중요한 수법이다. 택지분할은 하나의 부지를 양도 또는 건축하기 위해 2개 이상의 부지로 나누는 행위이다. 택지를 분할하게 되면 분할된 택지는 재개발이 될 때까지 그대로 그 형상이 남아 있으면서 지속적으로 커뮤니티의 형태를 이루고, 도시 전체의 특징에 영향을 미친다. 역사적으로 토지분할의 일차적 목적은 토지를 판매하고, 양도하기 위한 방법으로 등장했다. 그리고 토지분할에 앞서 자치체에 의해 토지등기와 가로계획(街路計劃)의 조정 여부를 승인을 받으며 분할된 토지는 필지번호를 부여받는다. 택지분할 규제기준은 초기의 토지를 구획하고, 분할하는 수준에서 시작하여 계속 발달해왔다. 오늘날의 택지분할규제의 기준에는 가로의 배치, 가로의 폭, 가로의 구배와 표면처리, 배수, 측도, 수로, 필지규모와 차단식재 같은 상세한 항목을 포함하고 있다.

<그림 6-6> 택지분할규제의 예

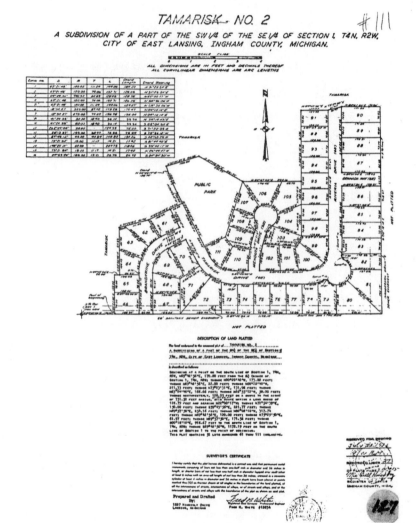

·1966년 신청한 미시건 주 이스트 랜싱 시 타마리스크 근린주거지의 택지분할규제의 일부. 현재 타마리스크 근린지구는 도심에 인접해 있으면서 넓은 오픈스페이스와 녹지를 갖춘 미국의 전형적인 풍요로운 중산층 주택지가 되었다.

<사진 6-1> 타마리스크의 현재 모습

·간선도로에서 바라본 입구의 모습. 울창한 나무숲 속에 주택들이 배치되어 있다

　역사적으로 택지분할규제의 변천을 간략히 살펴보면 다음과 같다. 제
1차세계대전 후 1920년대 미국을 휩쓴 토지투기와 그 결과 발생한, 쓸
모 없이 작게 구획된 토지분할(20×80피트)에 대한 대책으로 미 상무부
는 '표준주도시계획수권법'(1928, 이하 '표준주도시계획법')에 택지분할규
제를 다루는 조항을 포함했다.

　표준주도시계획법에서는 택지분할을 토지를 판매하고, 양도하기 위
한 수단에서 커뮤니티의 종합계획을 시행하는 수단으로 확대시켰다. 그
이후 1940년대 '도시 스프롤(Urban Sprawl, 도시 난개발 현상)'로 잘 알려진
것처럼, 제2차세계대전 후 교외지에서의 주택건설 붐이 일었을 때 지방
정부가 공급해야 하는 시설과 서비스의 수요가 급증했다. 그래서 많은
지방정부는 교외의 신개발지에 새로운 시설과 서비스를 제공해야 하는

<사진 6-2> 타마리스크 단지 내부 모습

· 자연스럽게 자라난 나무들이 울창한 느낌을 준다. 그리고 과밀과는 거리가 멀고, 쾌적하면서
한가로운 전원적인 풍경의 주거단지가 도시 중심에서 5분 거리에 위치해 있다. 충분한 공개
공지와 녹지, 단지순환도로에서 충분히 분리된 개별 주차장, 그리고 녹지로 조성된 중앙분리
대가 보인다.

재정적 압박을 받았다. 이때 택지분할규제는 개발업자에게 공원, 학교부
지, 단지 내 도로, 도로확폭 등의 기반시설을 제공할 것을 요구하는 조
항을 추가했다. 그리고 가장 최근의 현대적인 택지분할규제는 지방정부
의 도시종합계획과정에 성장관리와 공공시설의 단계적 제공을 포함하
는 계획프로그램을 통합시키는 시도를 하고 있다.

4. 비유클리드 지역제의 특징

1) 의의

규제내용의 사전확정성을 특징으로 하는 '유클리드 용도지역제'에서
는 예외적 제도로 인정되는 조례변경·변칙적용·특별허가 등을 이용해
지역제를 변경하는 경우가 빈번했다. 이러한 지역제 운용의 비능률성을
인정하고, 현실적으로 규제의 신축적 적용과 변화 가능성을 제도화시킨
것이 '비유클리드 용도지역제'로 불리는 '유연적 지역제'이다. 이는 지
방자치체가 합리적 수익이 예상되는 범위에서 엄격하게 일반적인 토지
이용규제를 설정하는 한편 개개의 개발에 대해서는 개발자가 선택할 수
있는 재량을 인정해서 협의 교섭을 진행하면서 바람직한 토지이용의 실
현을 유도하는 지역제이다. '비유클리드 용도지역제'에는 '인센티브 지
역제', '개발권 이양' 등이 있다.

2) 인센티브 지역제의 내용과 문제점

'인센티브 지역제'는 앞서 설명한 바와 같이 개발자가 도시의 쾌적성
을 위해 공공서비스 시설을 설치하거나, 공공 공간 등의 정비를 받아들
일 경우 토지이용 규제조항을 완화해서 용적률을 늘려주는 등의 혜택을
주는 조건부 지역제이다. 뉴욕 시가 1961년에 도입한 이후, 많은 자치
체가 이를 도입했다. 뉴욕 시는 플라자와 아케이드라는 개별시설에 대
해 용적률의 완화를 인정하는 데 그치지 않고, '특별지구'를 지정해서
그 지구에만 적용되는 특권과 부담을 적용하였다. 뉴욕 시의 '인센티브

지역제'는 크게 성공해서 1961년에서 1973년 사이에 100만 제곱피트 이상의 신규 공간이 '인센티브 지역제'에 의해 조성되었다(Cullingworth, B, 1997: 96).

'비유클리드 지역제'의 일종인 '인센티브 지역제'가 성공한 이유는 대도시에는 지역적으로 독특한 특성이 있으며, 근린지역 고유의 특수한 문제가 있기 때문에, 동일 지역에서는 동일하게 규제하는 '유클리드 지역제'만으로는 대응할 수 없기 때문이다. 뉴욕 시는 지역 고유의 특성을 살리기 위한 노력으로 '극장지구'를 지정했다. 최초의 '특별지구'는 1968년에 극장가인 브로드웨이의 특성을 유지하기 위해 지정된 '특별 극장지구'가 있으며, 이 지구는 1982년 '미드타운(Midtown) 특별지구' 내의 하나로 흡수되었다. 주요내용은 극장 신설과 수복에 대한 용적률 증가, 미이용 용적률 이용권 이전, 일정 규모 이상 개발할 때 5% 이상 을 극장 관련 용도로 충족시켜야 한다는 규정 등이었다.

'인센티브 지역제'는 자치체가 행사하는 재량의 폭이 넓고, 협의 교섭 기간이 장기화할 수 있으며, 소유자간의 갈등, 공청회의 형식화 등을 초 래하기 때문에 뉴욕 시에서는 협의교섭 과정을 절차로 규정했다.

'인센티브 지역제'가 적극적으로 활용되면서 생기는 토지이용상의 문 제점으로는 첫째, 자치체가 특혜의 대상으로 삼는 공공 서비스와 공간 의 내용을 플라자, 아케이드 등에서 주택·보육서비스·직업훈련시설 등 사회정책적인 항목으로 확대시킬 경우 용적률이 급증하게 된다. 또한 개발자는 투자가치가 보장되는 특정한 용도만 개발하려고 하기 때문에 거대화·고밀화하는 경향이 있다.

그리고 개발업자는 인센티브를 추구하기 때문에 과잉개발을 유도할 수도 있다. 더구나 인센티브를 받기 위해 제공한 공공서비스 시설과 공공공간의 유지관리가 이후에도 잘 지속되지 않는다. 둘째, '인센티브 지역제'가 유효하게 기능하려면 개발을 향한 왕성한 경제적 활력이 있어야 한다. 더욱이 입지조건을 갖춘 지역에서 기대되는 수준보다 엄격한 내용의 일반적 규제가 전제되어야 한다.

3) 개발권 이양의 내용과 문제점

'개발권 이양'은 '역사적 건축물의 보전'이나 오픈스페이스를 확보하기 위해 어떤 부지에서의 개발 가능 총량, 예를 들면 용적률 혹은 건설 호수를 제한하는 대신 그에 대한 보상으로 개발 가능 총량을 이용할 수 있는 권리를 다른 별개의 부지로 이전시키며, 이전받는 부지에서는 규제완화라는 형태로 추가 개발을 실현할 수 있게 인정한 제도이다.

이에 따라 개발규제를 받는 자는 규제강화에 대한 보상으로 '개발권'을 받아들이며 '개발권'을 취득한 자는 새로운 획지를 구입해서 집약적인 개발을 하는 것이 가능하다. 자치체는 한편으로는 개발을 규제하고, 다른 부지에서는 개발을 완화하기 때문에 재산권 행사를 제약하는 수용에 따른 보상비를 지급해야 하는 부담과 합법적 절차 조항을 위반할 위험도 피할 수 있다. 그렇기 때문에 '개발권 이양'이 효과적으로 운용되기 위해서는 지역제의 일반적 규제 이상으로 개발에너지가 시장에 넘쳐나야 한다.

자치체는 역사적 건축물의 보전, 자연환경·농지 등 오픈스페이스를 보전하기 위해, 용적률을 인하하는 '개발권 이양'을 인정하고 있다.

4) 특징

2차대전 후 사회상황의 변화에 따라 '유클리드 지역제'는 여러 가지 문제에 직면하였고 따라서 이를 개선하려는 다양한 시도가 이루어졌다. 규제의 '사전확정성'을 특징으로 하는 '유클리드 용도지역제'는 예외적 제도로 조례 변경, 특례조항 등을 이용해 용도지역 지정상황을 자주 변경했다. 이와 같은 운용에 일정한 제도적 틀 내로 받아들여 발전시킨 것이 '비유클리드 용도지역제'라고 불리는 '유연적 지역제'이다. 이것은 일반적으로 '비유클리드 지역제'라고 불리우고, 그 특징은 다음 일곱 가지로 요약된다(渡辺俊一, 1985: 189-190).

① '사전확정주의'는 자동차의 보급에 의해 도시구조가 변화하게 되어 도심에서부터 연속적으로 변하게 되는 토지이용형태 개념이 그 타당성을 잃게 되었다. 또한 토지이용은 대규모로 급격하게 변한다는 점이 인식되었다. 그 결과 사전확정적인 계획에 대신해 변화에 대응하는 유연한 수법이 지역제에 요구되었다.

② '적중주의'에 대해서는 상·공업지역이 주택지에도 혼재하게 되면 거주자에게만 문제가 되는 것은 아니고 상·공업뿐만 아니라 도시 전체에도 문제가 되어 '전용지역제'를 채택하게 되었다.

③ '개발억제주의'에 의해 교외자치체의 개발을 억제하는 경향이 강하지만 뉴욕 시에서 보는 것처럼 대도시의 쇠퇴에 대처하기 위해 도시의 경제기반을 강화할 필요가 생기며 이에 따라 업무지구, 주택 등을 건설하기 위한 도심의 택지 부족도 커다란 과제가 되었다. 이 때문에 개발에 대해 억제로 일관했던 지역제에 개발을 유도하는 동기가 요구되었다. 이것이 '유도적 지역제'이다.

④ 규제내용을 상세하게 열거하는 '열기식 규제주의(列記式規制主義)'는

여전히 지역제의 주류지만 공해규제를 위한 각종 측정기술이 향상됨에
따라 성능에 따른 규제도 등장하고 있다.

⑤ 개별 필지 단위로 규제하는 '부지주의'에 대해서 단지 전체를 규제단위
로 하여 그 구조 내에서 다양한 배치를 허용하는 방식을 도입했으며, 그
대표적인 예가 '계획적 단위개발'이다.

⑤ '용도순화주의'는 제2차세계대전 후 교외의 주택지에서 과도한 용도순
화로 인한 균질화가 비판됨에 따라 다른 용도와 적절하게 조합하는 수
법을 찾게 되었다.

⑥ '지방이익 중심주의'로 인해 앞서 기술한 배타적 지역제의 문제들이 발
생하였으며, 이것은 1960년대 후반 이후 혹독하게 비판받았다. 그러나
지방이익 중심주의는 지역제의 본질이라기보다는 미국 자치체의 본질이
고 그 조류는 여전히 변하지 않고 있다. 지역제에서는 여전히 주택개발
에 대해 개발업자에게 중·저소득계층용으로 일정비율의 주택건설을 의
무화하는 사례가 예외적으로 존재하는 정도이다. 뉴저지 주 마운트 로렐
의 경우에는 저소득자를 위해 주택 및 생활 편익시설의 제공을 의무로
하였다.

이렇게 해서 제2차세계대전 이후부터 근래에 이르기까지 지역제를
보완하는 새롭고 다양한 수법이 개발되고 있다.

7. 토지이용규제의 새로운 동향

　토지이용규제의 목적 중에는 일반복지의 증진도 포함하고 있다. 그러나 일부 자치체에서는 저소득층의 주택을 배제하기 위해 대지면적의 최소한도, 전면 대지폭의 하한선 규정, 다가구 주택이나 제조업 건물을 제한하거나 금지하는 등의 수법을 사용한다. 그리고 배타적인 지역제는 도시 외연부에서 난개발을 촉진하고, 자치체의 서비스 공급비용을 인상시키게 된다. 그와 반면에 도심에서는 중·상류층이 외곽으로 빠져나가기 때문에 세원(稅原)은 축소되고, 도심은 공동화된다. 마운트 로렐의 지역제 조례는 저소득 계층은 타운십(township) 내에서는 도저히 살수 없고 부유한 계층만을 위한 배타적 지역제를 채택했다. 이 때문에 마운트 로렐의 지역제는 법원의 심판대에 올랐다. 최종적으로는 마운트 로렐의 배타적 지역제는 주민의 일반 복지를 증진시키는 데 역행하기 때문에 무효화되었다.

지역제는 부정적 외부효과를 줄이기 위해 토지이용을 규제하지만 이 때 개인의 재산권을 침해하는지 여부를 동시에 다루어야 한다. 루카스, 놀란 그리고 돌란으로 이어지는 일련의 사건을 통해 보상 없이 공공을 위해 개인의 재산권을 침해 할 수 없다는 것을 보여주고 있다. 일련의 사건을 통해 지역제가 합헌성을 부여받았다 할지라도 보상이 없는 규제는 '수용'에 해당된다는 기본 원리를 새삼 확인할 수 있다.

1. 마운트 로렐과 배타적 용도지역제

라마포와 페탈루마에서 법원은 토지이용규제의 목적을 커뮤니티의 '질서있는 성장', '커뮤니티 특징'을 보존하는 것이 중요하다고 파악하고 토지이용규제가 갖는 사회적 의미가 규제의 부정적 측면에 앞선다고 판시했다.

그러나 뉴저지주의 마운트 로렐 사건은 미국 지역제의 역사에서 하나의 이정표가 되는 사건이다. 마운트 로렐은 필라델피아의 벤자민 플랭클린 교(僑)에서 16.09km, 캄덴에서 11.26km 떨어져 있는 56.98km^{2}의 평탄한 지형으로 시 외연부가 확산일로에 있었다. 1950년의 인구는 2,817명으로, 1940년의 인구보다 600명이 많았다. 1950년까지 농촌 지역이었던 시는 1960년에 인구가 약 5,200명으로 2배로 증가하고, 1971년에는 11,221명으로 다시 2배가 늘었다. 1985년에는 17,600명으로 증가했다(Cullingworth, J. B., 1993: 66-67).

마운트 로렐 시는 1964년에 용도지역제 조례를 채택했는데, 그 내용은 시 전체 지역 중 30%에 해당하는 16.18km^{2}를 경공업, 물류, 연구 및 업무 용도로 지정했다. 공업지역으로는 약 4.05km² 미만을 지정했다. 소매지역으로 구획된 토지는 전체 토지의 1.2%로 약 0.68km²였다. 그리고 주거지역은 40.46km²를 지정했다. 조례는 주거지역을 4종으로 세분했는데, 이는 모두 단독주택 지역으로 필지 당 한 채의 주택만을 허용했다. 연립주택, 아파트, 이동식 주택 등은 시 구역 내 어느 곳에서도 허가되지 않았다.

용도지역의 규제사항을 보면 주거용도 중 R-3지구에서 각 주택의 필지는 전면폭이 30.5m여야 하고 대지면적의 최소한도는 612평이며, 최소 연건축 면적은 99m²로 규정했다. 규제의 내용은 저소득층은 가질 수 없는 규모의 주택지를 조성하는 것이다. 1967년 마운트 로렐은 '계획단위개발'을 허가하는 지역제 조례를 추가해서 채택했다.

그리고 4개의 '계획단위개발' 프로젝트를 승인했다. 이 프로젝트에 따라 단독가구는 물론 다가구 주택도 공급됐다. 그러나 저소득과 중간소득가구를 배제하도록 설계되었다. 예를 들면 시정부는 저소득 계층의 이주를 사전에 억제하기 위해 '침실 한 개짜리 아파트'에 취학아동을 둔 가정은 입주할 수 없으며, 2명의 취학아동을 둔 가정은 '침실 두 개짜리 주거지'에 거주해서는 안 된다는 규정이 든 임대계약서를 요구했다. 이외에도 다른 차별적 내용을 갖는 요구사항이 있었다.

마운트 로렐 사건 중에서도 초기 사건인 마운트 로렐 사건 I이 발생하자 법원은 공공복지에 반하는 지역제 조례는 위헌이라고 판결했다. 그리고 법원은 마운트 로렐 자치체에 3개월의 시한을 주면서 '저소득 계층을 위한 저렴한 주택'을 공급하는 계획을 법원에 밝히라고 명령했다. 이어서 법원은 최소한 현재뿐만 아니라 장래에도 저소득 계층이 거주의 기회를 갖도록 지자체는 사회적 자원을 공정하게 배분할 필요가 있다고 지적했다. 지역제 규제는 공공의 보건성, 안전, 도덕, 기타 일반 복지를 증진해야 한다. 그러므로 마운트 로렐 시의 개발 프로젝트에서 공동체의 전반적 복지에 대한 고려가 넓은 의미의 공익을 위해서도 매우 중요하다. 따라서 시는 지역의 저소득 계층을 위해 주거를 공정하게 배분해야 한다.

그러나 마운트 로렐 시에서는 실제로 토지이용규제를 통해서 저소득 계층이 거주할 수 있는 주택을 공급하는 지구를 지정하지 않았기 때문에 민간부문조차 저소득 계층에게 주택을 공급할 수 없었다. 앞에서 살펴본 바와 같이 법원이 마운트 로렐 시가 집행해야 하는 중요한 지침을 제시했지만, 법원은 '공정한 배분'과 '그에 따른 지역'을 세분하기에는 전문성이 부족했기 때문에 실제 현실에 적용했을 때 한계를 드러냈다.

그러나 마운트 로렐 사건 I이 지역제의 역사에 기여한 공로는 '표준 주지역제수권법'(1924) 이후 아무런 비판 없이 사용되어오던 '배타적 지역제'를 제한하는 계기가 되었다는 점이다. 그리고 마운트 로렐 사건 I을 통해 토지이용규제를 위한 '경찰권' 행사가 '배타적 지역제'로 오용되고 있음이 드러났다.

그 이후 마운트 로렐 사건 II에 이르기까지 '배타적 지역제'에 대한 제동이 계속 이어졌으며, 이와 같은 제약은 일개 자치체에 그치는 게 아니고 확대 적용되어야 하기 때문에 뉴 저지 주의 주 종합계획을 수립하는 계기가 되었다. 결국 뉴저지 주의회는 마운트 로렐에서 세운 원칙을 시행하기 위해 '공정주택법(Fair Housing Act, 1985)'을 채택하게 된다.

2. 혼합지역제

지방정부가 저가주택(affordable housing)의 공급을 지원하기 위해서 개발업자에게 다양한 인센티브를 제공할 수 있다. 혼합지역제(inclusionary zoning)는 개발업자에게 저가주택 공급에 대한 보상으로 고밀도의 허용을 보너스로 제공해서 일정비율만큼의 저가주택의 제공을 요구하는 방식이다. 그와 같은 방식의 목적은 지자체 내에 저렴한 비용의 주택의 공급을 늘리거나 또는 교외지에도 저소득 가구의 생활기회를 제공하려는 것이다.

혼합지역제를 응용해서 도시의 중심지역에 퇴근시간 이후에도 활력을 유지하기 위해 상업지역임에도 주택을 공급해서 상주인구를 늘리는 방식에도 활용된다. 또는 도심의 '젠트리피케이션(gentrification)'이 진행되는 중산층 지역에 저가주택의 공급을 늘리는 데에도 활용된다.

오리건 주에서 지방정부는 주의 계획목표에 따라 토지이용을 규제할 것을 요구하는 주(州) 법률을 채택했다. 이 중 주에서 제시한 주택목표는 가격적으로 타당한 주택의 활용과 저가의 임대주택 공급을 장려하는 지방계획의 작성을 요구한다. 이를 위해 오리건 주의 도시성장경계 내에서 적정한 가격의 임대주택을 공급하는 데 필요한 토지를 확보할 것을 요구한다. 이 주택목표는 마운트 로렐의 공정주택원리를 적용한 것이다. 캘리포니아의 혼합적 주택목표는 저소득 또는 최하위 소득계층을 위한 주택의 공급을 담당하는 개발업자에게는 밀도보너스 또는 기타의 비용감소 인센티브가 주어졌다. 캘리포니아의 혼합지역제의 법률적 사항도 또한 마운트 로렐의 공정주택 원리에 기초했다.

3. 수용

부정적 외부효과를 방지하기 위해 용도지역제를 통해 토지이용을 규제하지만 개인의 재산권 침해 여부를 동시에 다루어야 한다. 미국 연방헌법 제5차 수정조항(the Fifth Amendment)은 '보상 없이는 공공을 위해 개인의 재산권을 수용할 수 없다'고 규정하고 있다. 토지이용을 규제할 때 개인재산권의 수용 여부는 굉장히 민감한 문제였기 때문에 지방정부는 토지이용을 규제하는 권한을 사용하는 데 소극적이기조차 하였다.

1) 루카스 판결

남 캐롤라이나 주의 한 해변가는 1992년 데이비드 루카스 판결의 무대가 되었다. 개발업자인 루카스는 1986년에 '아일 오브 밤'이라 하는 개발구역에 남아 있던 토지 2필지를 97만 5,000달러에 구입했다. '아일 오브 밤'은 당시 용도지역상 단독주거로 지정되었고, 루카스가 구입한 필지 이외의 지역에는 이미 주택이 건설되어 있었다. 그러나 루카스가 토지를 구입한 2년 후 남 캐롤라이나 주의회는 '해안선관리법(Beach Front Management Act, 1988)'을 제정했다. 그 결과 이 지역은 주택 건설이 영구적으로 금지되었다. '해안관리선법'의 목적은 허리케인에 의한 피해를 방지하고 연안지역의 환경을 보전하기 위해, 연안선으로부터 과거 40년간의 침수지역까지 후퇴선을 지정하고 후퇴선과 연안 사이에는 어떤 건축행위도 금지했다.

루카스는 '해안선관리법'에 의한 건축규제가 정당한 보상이 없는 수용에 해당한다고 판단해서 규제의 주체인 남 캐롤라이나 연안위원회를

<그림 7-1> 루카스 부지와 해안선 변화

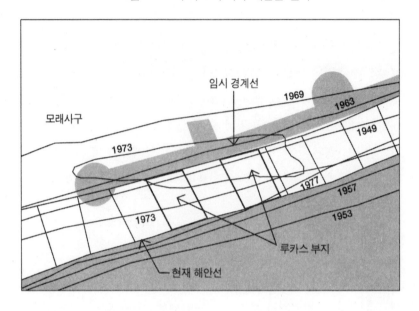

상대로 소송을 제기했다. 그러나 주 최고 재판소가 부동산의 이용을 제약하는 규제가 '심각하게 공중에게 피해를 끼치는 상황'을 방지하고자 할 때는 수용에 해당하지 않는다고 판결함으로써 루카스는 패소했다. 그러나 1992년 6월 연방대법원에서의 재판은 5대 4라는 근소한 차이로 루카스의 소송제기를 인정했다.

판결의 핵심은 토지 소유자가 그 토지의 생산적 혹은 경제적 이익을 위한 이용을 금지당할 때, 그 규제를 행하는 행정당국은 토지소유자에게 정당한 보상을 해야 한다는 것이다. 단 경제적 이익이 금지돼도 보상이 필요치 않은 경우는 금지되는 행위가 공적 혹은 사적으로 폐해를 일으키는 경우이다. 어쨌든 연방대법원은 루카스 사례에서 사유지가 경제적 가치를 잃은 경우, 이에 대해 행정당국은 정당한 보상을 해야 한다고 판결했다.

2) 돌란 판결

돌란 판결의 무대가 된 곳은 오리건 주 포틀랜드 교외의 티가드 시이다. 배관·전기 부품 관련 소매점을 경영하는 돌란 부인은 티가드 시의 중심부를 흐르는 파노크릭 하천에 접한 약 2,044평의 토지에 873m²의 건물을 허물고 1,584m²의 건물을 신축하기 위해 1991년 4월 시에 건축허가를 신청했다. 시 당국의 도시계획위원회는 이에 대해 조건부 허가를 내주었다. 이 조건은 시의 종합계획에 기초한 시 개발규칙에 따른 것이었다.

오리건 주의 종합 토지관리계획에 따라 티가드 시는 종합계획에 기초해서 시 개발을 위한 조례를 작성했다. 시 개발조례는 중심 업무지구에 있는 돌란 소유와 다른 소유자의 토지에 대해 15% 가량 오픈스페이스를 제공할 것을 요구했다. 티가드 시는 개발 후 발생하게 될 예상 교통량과 공공시설 수요를 충족시키기 위해 건축허가 단계에서 돌란의 개발에 조건을 붙였던 것이다. 시가 요구한 내용과 그 이유는 다음과 같다.

첫째, 부지 내에 파우나크릭 하천 토지 중 지난 100년간 홍수로 침수피해가 있었던 지역에 대해서는 시의 홍수관리를 위한 용지로 4.5m 폭의 토지필지를 시민이 이용할 수 있는 지역권(地役權)을 티가드 시에 인정하라는 것이었다. 그 이유는 주차장 설치 등에 의한 불투수성 면적의 증가로 파우나크릭 하천으로 흘러드는 우수가 증가해 추가적으로 치수용지가 필요하다는 것이었다. 결국 이 하천부지는 시의 녹도(綠道) 체계로 편입된다.

둘째 조건은 파우나크릭 하천에 잇대어 설치되어 있는 보행자와 자전거 전용로를 위해 2.4m 폭의 토지에 대한 지역권의 설치였다. 소매점포의 매장과 주차장 면적의 확대가 이용객의 증가로 이어지므로 교통혼잡을 피하기 위해서는 보행자와 자전거 전용로의 확폭(擴幅)이 필요하다는 것이다(Juergensmeyer, J. C. and Roberts, T. E., 1998: 429).

이 돌란 부인의 가게가 있는 시의 중심 지역은 자동차의 대체수단인 보행자 통행 또는 자전거 이용이 장려되고 있었다. 도시계획위원회는 해당 부지에 그와 같은 자전거 전용도가 설치된다면 점포를 찾는 사람이 자동차 이외에도 자전거 전용로를 이용할 수 있으리라고 생각했다. 이에 필요한 부지면적은 전체 해당 부지의 약 10%에 달했다.

돌란 부부는 오리건 주의 토지이용조정위원회와 항소재판소 그리고 최고재판소에 이르기까지 차례로 소송을 제기했지만 모두 시 당국의 승리로 끝났다. 오리건 주 대법원은 돌란 부부 소유지에 대한 티가드 시의 지역권 부과로 돌란 부부 소유 부동산은 수용되지 않는다고 판결했다. 법원은 자전거 전용도로 설치조건은 돌란 부부의 사업확장에 따른 장래 교통량의 증가와 관계가 있고 배수체계는 불투수층 대형주차장의 건설과 관계가 있으므로 '지역권' 요구는 합리적이라고 판단했다.

돌란 부인은 최후의 수단으로 연방 대법원에 항소했으며 1994년 6월 24일에 판결이 내려졌다. 미국의 많은 자치체가 개발허가와 건축허가를 내줄 때 개발자에게 일정한 부담을 부과하고 있었기 때문에 돌란 판결은 각별한 관심을 끌었다.

연방대법원은 5대 4라는 근소한 차이로 시의 부담부과행위를 정당한 보상이 없는 '수용'이라고 판결했다. 다수의 의견은 치수를 위해 하천부지에 대해 개발규제를 하고 교통의 혼잡을 피하기 위해 자전거 전용도

로를 확보하려는 개발 전제조건은 인정되지만, 그 규제와 조건의 정도
는 돌란의 경우에는 인정되지 않는다고 해석했다.

　연방최고 재판소는 건축에 대해 일정한 규제를 가하는 행위는 타당하
지만, 개인부지에 대해 '지역권'의 제공을 요구하고 그것을 공공을 위한
녹도의 일부로 이용하는 것은 '수용'이라고 판단했다. 또 자전거 전용도
로의 확보에 대해서는 개발 때문에 생기는 자동차와 자전거의 교통량과
시의 요구와의 관계를 수량화하지 않았다는 이유로 헌법에 반하는 '수
용'으로 보았다. 돌란 판결에서 중요한 변화는 그때까지 그와 같은 소송
에서 자치체의 규제가 위헌임을 증명할 책임이 원고측에 있었지만, 돌
란 사건에서는 규제의 합리성을 자치체가 증명할 것을 요구했다는 점이다.

3) 놀란 판결

　놀란은 해변가에 작은 방갈로를 갖고 있었는데, 방갈로를 큰 주택으
로 개축하고자 했다. 놀란과 같이 해안전면부지의 소유자들이 보다 큰
주택을 건설하기 위한 허가를 청할 때, '캘리포니아 해안위원회'는 일반
시민이 부지의 해안선을 따라 걷는 것을 허용하는 '지역권'을 인정할 것
을 조건으로 허가했다.

　'캘리포니아 해안위원회'는 거리에서 해변을 볼 수 있는 해변조망권
을 확보함으로써, 해변의 과밀을 방지하고 해변 이용에 대한 일반시민
의 심리적 장해를 극복하는 데 관심이 있었다. 법원은 해안을 측면에서
접근하도록 '지역권'을 확보하는 것이 주정부의 이러한 목표에 한 걸음
다가가는 것이라는 생각에는 동의하지 않았다.

　법원은 일반시민이 해변을 조망할 수 있도록 보호하고자 하는 정부의

관심이 적법하다 할지라도 건축행위가 미치는 폐해—해변조망의 차단—와 지역권 공여의 조건 그리고 해변에의 접근성 간에는 연관성이 없다고 판단했다(Juergensmeyer, J. C. and Roberts, T. E., 1998: 428). 그러므로 '지역권'을 요구하는 것은 보상이 없는 수용이 된다. 법원은 놀란 부지에 전망소를 설치하는 것은 건축물이 미치는 폐해와 지역권 공여의 조건 간에 연관성이 없기 때문에 합법적이라고 판결했다. 그와 함께 놀란 부지에 대해 일정 부지를 헌납하는 조건과 신개발에 의해 발생될 폐해 간에는 연관성이 없다는 점을 강조했다.

놀란은 행정당국이 공공의 이용을 위해 개인의 재산을 헌납하는 조건으로 개발을 허가할 때는 헌납한 토지가 개발 때문에 시민에게 미치는 부정적 효과를 희석시키거나 또는 방지하는 데 필요한 것이어야 한다고 주장했다. 법원은 시민이 해안을 산책할 수 있게 지역권을 인정하는 조건으로 해안 주택에 대한 건축허가를 내주는 것은 '부동산의 수용'에 해당한다고 판결했다(Mandelker, D. R., 1997: 35).

8. 성장관리전략

전통적인 토지이용 규제기법인 지역제와 택지분할계획은 자치체의 성장률과 성장형태에 미치는 영향력은 그리 크지 않다.

1970년대와 1980년대 유행한 성장관리계획은 전통적인 토지이용 기법을 활용하지만 성장의 속도와 규모를 제한하는 것이 목적이었다. 그러므로 성장이 얼마만한(how much) 규모로, 언제(when) 발생하는가? 는 유클리드 지역제가 높이, 규모, 용도 변수를 다루는 것처럼 중요하다. 성장관리전략이 출현하게 되는 배경은 환경적으로 희소한 자원, 환경적으로 민감한 지역, 1970년대의 에너지 위기, 연방정부가 주나 지방정부에 대한 공공시설 지원 예산의 삭감, 1970-1980년대의 높은 실업률, '선벨트' 지역의 성장 등 다양한 요인이 지역에 따라 제 각기 작용하면서 자치체가 성장을 관리하는 결정에 나설 것을 촉구했다. 1990년대에는 성장관리계획이 도시계획과 설계 그리고 교통이 혼합하는 특징과 정책 분석 평가를 통해 성장관리를 운용하는 기법이 등장한다.

1. 토지이용규제의 새로운 동향

1960년대는 미국 토지이용규제의 역사에서 새로운 전환점이 되는 시기이다. 1960년대 이전에는 자치체에 의한 '용도지역제'와 '택지분할조례'로 토지이용에 대한 규제가 이루어졌다. 그러나 전통적인 용도지역제만으로는 교외지에서의 빠른 성장, 공공서비스 제공의 어려움, 불균등한 성장유형을 낳는 난개발, 농업 및 환경피해를 야기시키는 토지이용 문제 등을 해결할 수 없었다. 따라서 전통적인 토지이용방식과 함께 개발의 시기와 공공시설 정비에 맞추어 성장을 관리하는 성장관리전략이 등장하게 되었다. 이러한 개발과 보전의 문제는 1960년대 미국 사회의 가장 큰 주제였기 때문이다.

1970년대 이후 미국의 토지이용규제는 지방정부에 의한 용도지역제에서 점차적으로 광역적, 주정부 차원으로 중앙화되어가고 그리고 연방정부 내에 토지이용규제 기구를 도입하면서 권한이 상위기관으로 이동했다.

1920년대와 1930년대에 시작된 '용도지역제'만으로는 1960년대에 진행되는 개발에 맞서 싸우기에는 역부족이었다. 전통적인 토지이용규제로는 빠르게 진행되는 교외지 개발을 조정할 수조차 없었다. 요컨대 자치체의 도시계획과 용도지역제는 눈앞에 벌어지는 현실에 무기력했다. 용도지역제는 거대하고 복잡한 공공사업 프로젝트를 다룰 수 없었다. 개별 지자체 차원의 토지이용 결정은 지역이나 주에 영향을 미치고 주변 지자체에도 종종 피해를 입히며, 토지이용간의 갈등을 일으켰다.

당시 도시계획은 두 가지 의미에서 개발에 의한 문제에 대응하고자 했다.

첫째, 당시 용도지역제는 1920년대에 기본 골격이 만들어졌다. '표준 주지역제수권법'(1924)에 의한 용도지역제는 어느 정도 개발과 정비가 종료된 도시에서 일상적으로 이루어지는 소규모 건축 활동을 중요 대상으로 하는 것이었다. 즉 해당 도시의 특징을 상세히 파악한 지방 자치체가 도시 내의 영향을 고려해서 건축규제를 시행하는 합리적인 제도였다.

그러나 전후 대규모의 인구이동과 그에 따른 거대 개발에 대해서 단편적인 시각으론 건축활동을 다룰 수 없었고, 이러한 건축활동은 '표준 도시계획수권법(1928)'인 근대 도시계획의 범위를 넘어서는 것이었다. 지방정부가 안정적인 기존의 자치체에 대해서 '용도지역제'와 '마스터플랜'만으로 개발을 유도할 수는 있었지만, 그러나 그것도 과거 단순했던 시대의 한정된 문제만을 취급해왔기 때문에 빠르게 성장하는 많은 커뮤니티에 영향을 미치는 대규모 주택지 개발과 쇼핑센터의 개발에 대처하기에는 역부족이었다.

둘째, 용도지역제를 운용하는 지방정부의 도시계획위원회와 도시계획국에서는 대규모 개발을 규제하고 유도할 의사가 없는 경우조차 허다했다. 미국에서 제2차세계대전 이후 일기 시작한 건설 붐이 1960년대 말 최고조에 달하면서 특히 환경문제가 심각하게 대두되기 시작했다. 그리고 모든 개발 프로젝트는 대형화되어 오염의 정도도 심화되었다. 1956년부터 시작된 '주간(州間) 고속도로망'은 1960년대 중반에는 거의 완료되었으며, 도시의 새로운 확장을 가져왔다. 교통망의 개선에 의한 접근성의 증대는 무질서한 도시의 확산, 고립된 개발, 산업시설의 무계획적 입지에 따른 오염문제를 가져왔다. 전국의 농촌은 신속하게 도시화 되어갔다(Popper, F. J., 1988: 292).

제2차세계대전 이후 토지이용규제는 두 가지 측면에서 영향을 크게 받았다. 우선 전국적으로 널리 확산된 성장지향형 철학은 토지이용규제를 금지하는 신화였다. 실제로 토지규제는 성장에 대한 반대로 귀결되는 비미국적인 행위로 간주되었다. 그리고 성장과 개발은 모든 지역사회에 혜택을 준다는 믿음이 널리 퍼져 있었다. 공업과 상업의 성장은 고용과 소득의 증대에 직·간접적으로 영향을 미치면서, 공동체에 편익을 가져다 줄 것으로 여겨졌다. 그리고 부동산 가격이 상승하면 커뮤니티에 보다 나은 공공 서비스가 제공되거나 현지 주민이 부담하는 부동산 세율이 낮아지리라는 믿음이 팽배해 있었다. 성장에 대한 이러한 인식은 1950년대 대부분의 커뮤니티에 공통된 것이었다.

이 시기에 시행된 중요한 토지이용규제는 일차적으로 근린주거지를 대상으로 삼았다. 기본적으로 토지이용규제는 조례의 형태로 도로, 상·하수, 배수관, 건축선 후퇴 등의 최소기준을 규정했다.

1960년대 개발에 따른 환경문제가 등장하기 전까지는 성장은 선(善)이라는 성장신화가 절대적이었다. 이러한 사회의 분위기를 배경으로 개발업자는 도시계획위원회로부터 개발을 위해 용도지역제의 변경과 특례허가를 받아낼 수 있었다.

또 그것이 가능한 배경은 미국 지방정부의 세원에서 부동산세가 차지하는 비중이 막대했기 때문이기도 했다. 세금징수기반의 확대를 위해 애쓰는 지방정부는 개발을 환영했고, 용도지역제의 '특례조항', '특별허가' 등에 의한 빈번한 용도지역의 변경에 적극 협력하기까지 했다. 개발의 이해 관계자인 개발업자, 부동산업자는 지방정부에 영향력을 행사해서 '도시계획위원회'와 '지역제조정위원회'를 마음대로 조정했다.

많은 커뮤니티가 개발 프로젝트를 유치하기 위해 서로 경쟁하기도 했다. 그러나 지방정부들이 장기적으로 볼 때 개발 프로젝트가 미치는 영향이 환경적, 사회적 비용을 상회한다는 사실을 깨닫는 데는 그리 오랜 시간이 필요치 않았다. 이와 같은 상황에서 용도지역제만으로는 개발을 관리하기에는 역부족임이 갈수록 분명해졌다. 그러나 이와 같이 토지이용규제의 어려움이 높아가지만 용도지역제에 의한 토지이용 규제방식조차 채택하지 않은 지방정부도 부지기수였다.

이미 도시화가 진행된 지역에서는 용도지역제와 택지분할규제가 도입되었지만, 새로운 택지개발과 레저 시설 개발의 대상이 된 지역은 도시 외연부 비시가화 구역이었고 자치체가 결성되지 않은 경우도 많았다. 자치체가 없는 경우 군(郡) 정부가 그 지역을 관할하지만 군 정부는 용도지역제를 갖고 있지 않은 경우가 허다했다.

1971년에 조사에 의하면 켄터키 주 도시의 30%, 그리고 군정부의 20%만 용도지역제를 갖고 있었고 도시화가 더욱 진행된 뉴욕 주에서도 전체 도시 중 40%, 그리고 소규모 군 정부는 용도지역제를 전혀 갖고 있지 않았다. 용도지역제 조례를 채택하지 않은 많은 농촌지역에서 용도지역제는 요구되지도 시행되지도 않았으며, 오히려 무시되었다 (Popper, F. J., 1988: 292). 개발지상주의에 맞선 환경보호운동은 당시 토지이용 규제제도의 한계를 넘어 보다 광역적인, 보다 상위 정부에 의한 새로운 개발규제 쪽으로 나아갔다. 이와 같은 배경하에 전개된 것이 '토지이용규제의 조용한 혁명'이라고 일컫는 개혁이다.

2. 성장과 개발에 대한 태도 변화

1960년대 초부터 성장과 발전에 대한 지방정부의 태도가 변화하기 시작했다. 먼저 환경에 대한 관심이 증대했다. 그리고 비용편익 분석의 결과로 모든 형태의 경제개발이 커뮤니티에 항상 긍정적이고, 재정적 이익을 가져다 주는 것은 아니라는 개발에 대한 인식의 변화가 일었다. 사실상 어떤 종류의 개발은 지방정부에게 재정 적자를 안겨주기도 했다. 그때까지 경제학자들이 개발의 경제적인 이익에만 관심을 기울였을 뿐, 부정적인 측면에 대해서는 일체 고려하지 않았음은 주지의 사실이다.

커뮤니티는 성장과 개발이 미치는 재정지출 증가요인을 분석하기 시작했으며, 개발로 인한 기반시설 공급비용의 증가가 곧바로 지방세 부과의 증가로 이어진다는 사실을 깨닫기 시작했다. 이에 따라 성장을 억제해야 한다고 주장하는 지자체도 나타났다.

1960년대 자연자원의 보존과 환경에 대한 관심이 증대됨에 따라 시장 메카니즘에 의한 토지의 할당에 의문이 들기 시작했다. 커뮤니티는 제약을 받지 않는 토지이용의 권리가 사회에 미치는 충격에 대해 의문을 제기하기 시작했다.

지방정부들은 새로운 인식에 따라 토지이용을 규제하는 새로운 '용도지역제 조례'를 제정했으며, 법원도 이를 지지했다. 법원의 첫 지지사례는 캔들스틱 부동산회사 대 '샌프란시스코 연안보전과 개발위원회(1970)' 소송이었다.

한편 캘리포니아 의회는 연안에 인접한 토지이용과 개발과 관련된 생태학적 문제를 다루는 '샌프란시스코 연안보전과 개발위원회'라는 광역 차원의 기구의 설립을 승인했다.

캔들스틱 부동산회사는 건설 프로젝트를 위해 높은 파도가 칠 때면 물이 잠기곤 하는 연안지역에 위치한 부지까지 매립해서 개발하고자 했다. 그러나 '샌프란시스코 연안보전 및 개발위원회'에 의해 매립이 거절

되자, 이를 '수용'으로 간주하고 피해보상을 요구했다.

캘리포니아 법원은 '샌프란시스코 연안보전 및 개발위원회'가 결정한 지반매립 불가결정을 지지했다. 법원의 캔들스틱 부동산회사 대 '샌프란시스코 연안보전과 개발위원회(1970)'에 대한 결정은 기존의 토지이용 관행과는 다른 새로운 분위기를 반영하고 있다. 1970년대에 법원은 '습지, 해안선, 항해수로, 희귀종 보존법안'을 지지하는 결정을 내리기 시작했다. 법원은 전체 환경에 대한 영향을 고려한 토지이용규제가 적합한 경찰권의 행사라고 판단했다.

법원이 환경을 고려한 토지이용규제를 지지하는 경향이 강해지면서 주 전역을 대상으로 하는 토지이용계획이 수립되고, 지방의 토지이용 규제는 주의 토지이용계획과 일치성을 유지할 것을 요구했다. 또한 법원은 토지이용규제의 필요성을 입증할 실질적 증거와 규제가 합리적이고 균형있게 시행되고 있다는 증거를 요구하기 시작했다. 나아가 법원은 지방정부가 보다 넓은 지역을 포함하는 계획을 수립해서 시행할 것을 기대했다.

1) 라마포 프로그램

라마포 자치시는 뉴욕 맨해튼에서 48km 서북쪽에 위치한 228km^2 면적의 교외 농촌 지자체였다. 1960년대 뉴욕 주변부의 고속도로의 확장과 교량의 건설로 접근성이 향상되면서 개발압력이 높아졌고, 1960년에서 1970년 사이 인구가 2배 이상 증가하였다. 1965년에는 지나치게 빠른 성장을 통제하기 위한 노력이 펼쳐졌다. 1966년 라마포 자치시는 종합개발계획을 채택했다. 그 계획에는 커뮤니티의 농촌과 반(半)농촌, 그리고 교외지의 성격을 보존하기 위해 자치시의 90%를 '대지면적의 최소한도' 조항이 딸린 주거지역으로 지정하는 용도지역제 조례가 들어있었다.

라마포 프로그램은 용도지역제와 택지분할규제를 승인받기 위해서 공공기반시설 공급을 약속하는 절차의 승인을 추가로 요구했다. 라마포 프로그램은 개발업자가 개발허가를 받았어도 적정한 하부구조시설이 완비될 때까지는 주거용도로의 개발을 금했다. 이를테면 상·하수도, 배수, 여가시설, 학교부지, 도로망, 보도를 갖춘 도로, 소방서 등의 공공기반시설이 갖추어져야 개발이 승인됐다. 즉 주거지역의 개발이 지자체의 도시하부구조의 처리능력 향상과 서비스 수준의 개선과 연계된다는 것이다.

라마포 시는 단기간에 시 전역에 공공 서비스 시설을 마련하기에는 재정이 부족했기 때문에 한정된 시의 재정범위 내에서 필요한 서비스를 제공하기 위해 장래 개발의 시기와 입지를 통제했다. 즉 공공 서비스 제공일정에 맞추어 개발을 결정했다. 그 중에서도 가장 두드러진 특징은 '기반시설 정비프로그램'의 채택이었다. 이에 따르면 자치시를 3개 지역으로 나누어 6년마다 기반시설을 제공하여 마지막 18년째에는 필요한 모든 공공시설 서비스가 완비되었다.

라마포 자치시는 배수·상수·여가시설의 정비와 공원·학교부지·도로의 커브·보도 등의 개선 등의 기준과 소방시설 등에 기초해서 일정한 점수를 얻으면 개발안을 허가해주었다. 조례는 제안서가 요구내용에 얼마나 잘 부합했는지에 기초해서 점수를 할당했다. 예를 들면 필요한 배수용량을 100% 만족시키면 5점을 주었고, 요구용량의 50%를 만족시키면 1점을 주는 식이었다. 같은 방식으로 공원이나 주요 도로에 직접 붙

어있는 개발 프로젝트는 동 항목에서 5점을 받았다. 반면에 멀리 떨어진 프로젝트는 낮은 점수를 받았다. 전통적인 토지이용규제인 용도지역제와 택지분할규제의 승인을 얻기 위해선 23점 중 15점 이상을 받아야 했다(Kelly, E. D., 1993: 30).

총점수가 허가기준에 미달할 경우 토지 소유자나 개발업자는 기반시설정비를 위한 추가 공사가 완료될 때까지 기다리거나 합계 15점의 점수가 되도록 자비로 충분한 기반시설의 공급을 추가하기 위한 건설을 시행해야 했다. 자치체는 성장을 억제시키려는 것이 아니라 적절한 공공기반시설이 공급되어 성장을 수용할 수 있을 때까지 개발을 지연시키는 것이었다.

라마포 프로그램의 중요성은 18년간에 걸친 상세한 기반시설 프로그램을 채택한 데 있다. 뉴욕법원(Golden v. Planning Board of Town of Ramapo, 1972)은 개발시기와 단계적 개발 프로그램을 지지했다. 법원은 라마포 조례가 거주하려는 사람을 제지하는 데 목적이 있는 것이 아니라, 환경이 황폐하고 열악해지는 사태를 사전에 방지하기 위해 순차적인 성장을 통한 토지의 효과적 이용과 성장에 있다고 판시했다. 그러나 라마포 프로그램은 다음과 같은 한계를 갖고 있었다. 첫째, 프로그램의 근간이 되는 도시시설물로 단지 공원·하수·배수·도로 등 일부 항목을 열거했다는 점이다.

도로와 지역의 하수망, 학교, 방화시설은 별도의 관할기구 소관이기 때문이었다. 결국 라마포 프로그램을 제어하는 데는 태생적으로 한계가 있었다.

둘째, 라마포시가 조례의 기준에 일치하지 않는 부지에 지역의 성장을 위해 점수를 줌으로써 스스로 라마포 프로그램을 위반했다. 그리하

<표 8-1> 라마포의 점수체계

1.하수	
1) 공공 하수관로 활용도	5점
2) 일괄 하수처리 시설	4점
3) 군(郡)에서 승인한 정화조 시스템	3점
4) 그 이외 처리방법	0점
2.배수	
1) 100% 이상	5점
2) 90%~99.9%	4점
3) 80%~89.9%	3점
4) 65%~79.9%	2점
5) 50%~64.9%	1점
6) 50% 미만	0점
3. 공립학교 및 공원 또는 여가시설의 활용도	
1) 1/4마일 이내	5점
2) 1/2마일 이내	3점
3) 1마일 이내	1점
4) 1마일 이상	0점
4. 주도로, 2차 도로, 집산로까지 접근성	
1) 직접 접근	5점
2) 1/2마일 이내	3점
3) 1마일 이내	1점
4) 1마일 이상	0점
5. 소방서 시설	
1) 1마일 이내	3점
2) 2마일 이내	1점
3c) 2마일 이상	0점

여 라마포 프로그램은 원래 의도대로 진행될 수 없었다. 자치시는 결국 1983년 성장관리 프로그램을 폐기하기에 이른다.

그러나 라마포 프로그램은 이러한 한계에도 불구하고 미국 토지이용 규제의 발전과정에 다음과 같은 이정표를 세웠다. 첫째, '개발의 시기'라는 혁신적인 토지이용 규제방식을 채택했고 둘째, 종합계획과의 합치성을 고려해서 작성한 '단계적 프로그램'이 최초로 법원의 승인을 획득했다는 점이다(Kelly, E. D., 1993: 30-31).

2) 페탈루마 프로그램

샌프란시스코에서 45마일 떨어진 샌프란시스코 연안 대도시권 내에 위치한 페탈루마 시는 1960년대 초부터 빠르게 성장했다. 페탈루마 시의 인구는 1950년 1만 명에서 1970년에는 2만 5,000명으로 2.5배 증가하고 이후 1971년까지 매년 20%씩 높은 인구 성장을 경험했다.

이와 같은 높은 성장률에 대처하기 위해 시위원회는 '페탈루마 계획'을 채택했다. 성장통제 프로그램인 '페탈루마 계획' 속에는 용도지역 변경을 일시적으로 정지시킬 수 있는 모라토리움이라는 규제조항이 들어 있었다. 페탈루마 시는 신규 주택의 공급을 연간 500호로 제한하고 신규 단독주택과 아파트를 커뮤니티의 동쪽과 서쪽에 각각 절반씩 할당했다. 그리고 신규 주택 건설은 매년 5%씩만 증가하도록 했다.

달리 말해 이 '주거지 개발규제 프로그램(1972)'은 도시 주위에 그린벨트를 지정해서 최소 5년 동안 도시팽창을 지연시키고자 하는 '주거지 성장관리계획(Residential Growth Management Plan, 1992)'에도 영향을 미쳤다.

<표 8-2> 성장관리 채택사례(1970년대 말까지)

채택도시, ( )는 해당 주	성장관리수법
라마포(뉴욕)	기반시설 정비프로그램
페탈루마(캘리포니아)	연간 허용한도
볼더(콜로라도)	서비스 경계 조정/ 토지수용
사니벨(플로리다)	연간 허용한도/ 종합계획/ 기반시설 정비프로그램/ 환경규제
벅스카운티(펜실베이니아)	환경규제/ 개발권 이양/ 저소득층 주택
몽고메리카운티(메릴랜드)	적정 공공시설 용지/ 기반시설 정비프로그램/ 농촌지역제와 농업보전
페어팩스(버지니아)	기반시설 정비프로그램/ 저소득층 주택
마운트 로렐(뉴저지)	재정용도 지역제
메디슨타운십(뉴저지)	재정용도 지역제
미네소타 대도시권 위원회 (미네소타)	기반시설 정비프로그램/ 서비스 경계 조정/ 종합계획/ 환경규제/ 농촌지역제와 농업보존/ 공정한 주택 배분

그리고 건축설계, 여가시설, 환경설계, 저소득층, 중간소득층 포함 여부 등을 검토해서 점수로 환산한 뒤 프로젝트가 승인된 후라야 개발이 가능했다. 본 계획의 목적은 저소득 가구와 중간소득 가구를 포함한 다양한 건물형태와 개발의 독려에 있었다. 또 소도시의 특징과 공지(空地)를 보호하기 위한 배려도 포함되어 있었다.

'페탈루마 프로그램'은 '라마포 프로그램'보다 어떤 면에서는 훨씬 성공적으로 평가된다(Kelly, E. D., 1993: 31-35). '페탈루마 프로그램' 채택 후 5년 간 커뮤니티의 성장률은 계속 줄었고 성장에서 오는 부작용도 줄었다. 캘리포니아 법원은 '페탈루마 프로그램'을 경찰권의 행사로 인정하고 성장과 개발을 제어하기 위해 '주거지 개발규제 프로그램' 초기에 개입하여 규제한 성공적인 예에 속한다.

라마포와 페탈루마 프로그램은 다른 지방정부가 주로 용도지역제와 마스터플랜에 의존해서 토지이용을 규제하던 방식과는 확연히 구분되는 충격적인 방식이었다. 법원은 성장시기 조절과 순차적 개발이 가미된 토지이용방식을 지지했다. 법원은 성장과 개발이 지자체의 공공복지를 위해 반드시 최상의 정책인 것만은 아니며 주 차원의 개발규제가 필요하다고 보았다.

3. 토지이용규제의 조용한 혁명

기존에 지배적이던 전통적 토지이용규제방식의 개혁을 암시하는 '토지이용규제의 조용한 혁명'이라는 용어는 국가환경정책법(National Environmental Policy Act: NEPA)에 따라 구성된 '환경의 질(質)에 관한 위원회(The Council on Environmental Quality: CEQ)'에 보셀만(Bosselman)과 칼리스(Callies)가 제출한 보고서의 제목으로서, 본 보고서는 당시 하와이, 버몬트, 캘리포니아 등 전미 각지에서 실시중이던 새로운 토지이용 규제프로그램을 다루면서 향후 도시계획이 나아갈 방향을 제시하였다. 본 보고서의 서문은 다음과 같이 밝히고 있다.

현재 미국은 토지이용 규제방법상 혁명의 와중에 있다. 그것은 평화적이고 합법적인 혁명이다. 또한 그것은 조용한 혁명이며 혁명의 지지자 중에는 보수파도 자유파도 들어 있다. 그것은 조직화된 혁명은 아니며, 중앙지도부도 존재하지 않는다. 그래도 그것은 혁명이다.

와해의 대상인 구체제는 토지개발방식을 통해 오로지 세수 기반의 최대화

에만 관심을 두고, 그에 따른 사회문제는 간과하면서, 그외 여타의 문제들은
일체 무시하는 수천 개의 개별 지방정부가 운용하는 봉건 시스템이다.

　혁명의 수단은 폭 넓고 다양한 형태를 취하는 새로운 법률들이다. 그러나
제 각각의 법률은 점점 공급이 제한되는 토지의 용도에 영향을 미치는 중요
한 결정에 주 또는 지역 차원에서 일정정도 참여를 규정할 필요가 있다는 공
감대를 형성하고 있다(Bosselman and Callies, 1971: 1).

1) '토지이용규제의 조용한 혁명'의 의의

　'토지이용규제의 조용한 혁명(이하 '조용한 혁명')'의 의의는 토지에 대
한 새로운 개념이 형성되고 이 새로운 개념에 대응하는 토지이용규제가
만들어 졌다는 점이다. '조용한 혁명' 이전에 토지는 상품으로만 인식되
어 소유하고, 분할하고, 매매해서 수익을 올리면 그만이었다.

　이에 대해 '조용한 혁명'은 토지를 자원으로 간주함으로써 토지에 대
한 새로운 가치관을 낳았다. 즉 토지를 공공의 자산으로 보고, 그 보전
이 정책의 과제로 부상했다. 또한 토지에 대한 개념이 바뀌어 어떤 토지
이용 형태는 단지 그 토지만이 아닌 보다 광범위한 지역의 환경에 영향
을 미치는 것으로 이해되기 시작했다.

　즉 이처럼 토지이용에 광역적인 관점이 도입되었다. 토지의 상호 관
련성과 희소성이 인식되어 토지가 상품으로서만이 아닌, 인류의 유한
자원으로 인식되어 토지이용규제방식에 혁신을 가져왔다. 이는 1920년
대에 확립된 근대도시계획의 관점, 즉 토지를 상품으로 인식하고 그 상
품가치를 높이고자 하는 토지이용규제와 뚜렷한 대조를 이룬다(Babcock,
R. F., 1966: 116-117).

　'조용한 혁명'을 통해 제시된 토지에 대한 새로운 인식은 바로 개발

권의 사회적 소유라는 인식이다. 토지개발의 권리는 토지 그 자체에서
나온다는 전통적인 관점에서 사회의 유지발전에 기여하는지의 여부에
기인한다는 관점으로의 전환이다. 달리 말해서 개발권은 사회에 의해
만들어지고 토지에 배분된다고 토지에 대한 관념이 변했다.

2) 도시계획의 광역화와 중앙화

'토지이용규제의 조용한 혁명'은 도시계획에 커다란 영향을 미쳤다.
그중 하나가 도시계획의 광역화와 도시계획 결정권한의 중앙화이다. 예
컨대 주정부와 연방정부는 지방정부가 작성하는 토지이용규제와 토지
이용계획에 보다 깊이 관여할 수 있게 되었다. 한편 혁명의 직접적 원인
은 지방정부에 의한 종래의 용도지역제만으로는 불충분했기 때문이다.

도시개발은 하나의 지자체가 아닌, 보다 광역적인 지역에 영향을 미
치기 때문에 지자체의 관할 구역을 넘어서는 광역차원의 기구에 의해서
통제되어야 한다고 생각이 바뀌었다. 이 시대의 개혁운동은 지방정부에
대한 불신과 연방정부에 대한 신뢰라는 특징을 갖는다.

토지이용규제법은 1967년 하와이를 기점으로 1975년에는 북동부, 중
서부, 태평양 연안 등 20개 주에서 제정되었다. 그리고 37개 주가 주차
원의 계획을 수립하고, 새로운 프로그램을 실시했다. 연방정부 차원에서
보면 '조용한 혁명'은 주정부에서 운용하는 프로그램을 연방정부가 지
원하기 위해 개입하도록 도왔다.

3) 개발통제기제의 개선

'조용한 혁명'의 3번째 의의는 개발규제 기제의 개선에 기여했다는
점이다. 단지 용도지역제에 의해서만 개발 또는 건설의 허가 여부를 판
단하던 종래의 방식에서 탈피해서 보다 신뢰성 있는 개발제어 기제의
구축을 모색하는 방향으로 선회했다.

그 결과 첫째, 재량적 개발허가 혹은 재량적 개발규제의 도입을 꼽을
수 있다. 재량적 개발규제는 용도지역제 조례가 정하는 최저기준을 만
족시키면 건설이 허가되던 시스템에 환경영향평가 제도와 같은 보다 다
면적인 평가기준들을 마련함으로써 더 나은 선택을 가능케 했다.

둘째, 규제와 계획의 연동이다. 근대 도시계획에서 '용도지역제'는 '마
스터플랜'의 실현수단으로 자리매김되었을 뿐, 규제와 계획은 단지 형식
적으로만 연계되었을 뿐이다. '표준주지역제수권법'(1924) 이후 거의 50
년 동안 법원은 용도지역제 조례의 채택과 시행을 위한 근간으로 종합계
획을 요구하지 않았을 정도였다. 게다가 계획과 규제 간의 일치를 요구
하지 않는 주도 있었다(Mandelker, D. R., 1997: 77). 결과적으로 도시계획
이 운영되는 현실에서는 '마스터플랜'이 존재해도 있으나마나한 '그림
속의 꽃병' 같은 존재였다.

'조용한 혁명'은 도시계획의 역할에 새롭게 초점을 맞추어 그 복권을
시도하였다. 토지가 단순히 이익을 내기 위한 상품만이 아닌, 다양한 공
공가치의 실현에 기여하는 희소한 재화라면, 그 이용방법은 각기 다른
목표 속에서 무엇으로 사용될 수 있을 것인가에 대해 조정을 거쳐 결정
되는 것이 필요했다. 이 조정 기능이야말로 도시계획에 부여된 역할이
고 토지이용규제에 선행하는 기능으로서 토지이용계획의 중요성이 새

롭게 인식되었다(Bosselman, F and Callies, D, 1971: 321). 앞에서 언급한 재량적 개발규제도 사전에 일관되게 수립된 계획에 기초하지 않는다면 신뢰의 획득은 불가능했다. 이렇게 종합계획의 복권이 이루어졌으며, 도시계획이 발달한 일부 선구적인 주에서는 종합계획의 작성을 의무화 시켰다(Mandelker, D. R., 1997: 77).

셋째는 시민의 참여와 정보의 공개이다. 토지가 공공을 위한 재화라면 그 이용방식에 대해 소유자뿐만 아니라 보다 광범위한 시민의 여론을 수렴할 필요가 있었다. '조용한 혁명'은 토지이용규제에 대해 주민이라면 누구든지, 또 어떤 시민조직이라도 소송을 제기할 수 있는 권리를 요구했다. 또한 토지이용규제가 공정하게 이루어지고, 효과적으로 기능하기 위해서는 토지이용 규제과정의 공개가 필수적이었다.

이상 요약한 것처럼 '토지이용규제의 조용한 혁명'은 토지에 관한 새로운 개념의 도입, 도시계획의 광역화와 중앙화, 개발제어 기제의 개선이라는 3가지 의의를 갖고 있다. 이처럼 '조용한 혁명'은 미국 도시계획을 발전시킨 획기적인 운동으로 평가해 마땅하다.

4) '조용한 혁명'의 전개

1960년대 말부터 도시화가 빠르게 진행되면서 환경이 문제로 부각하기 시작했다. 그러나 지방정부의 권한과 능력만으로는 이처럼 새롭게 부상하는 문제들을 해결할 수 없었다. 1970년대에 들어오면서부터는 환경문제는 토지이용계획의 핵심문제로 부상한다. 1970년대는 '환경의 10년'이라고 불리울 만큼 환경 관련 주제에 무게를 두는 '성장관리의 제1물결'(1969-1975)의 시대가 열렸다.

'토지이용규제의 조용한 혁명'은 연방정부와 주정부, 그리고 지방정부 3개 차원에서 동시에 진행되어 1970년대 초에는 지역과 주, 그리고 연방정부 수준으로 토지이용규제 프로그램이 중앙화되기 시작했다. 그중에서도 특히 연방정부의 환경 입법 중에서 중요한 것으로는 다음과 같은 것들이 있다.

'국가환경정책법(the National Environmental Policy Act, 1969)', '대기청정법(the Clean Air Act, 1970)', '수질청정법(the Clean Water Act,1972)', '연안지역관리법(the Coastal Zone Management Act, 1972)', '멸종위기의 종에 관한 법(the Endangered Species Act, 1973)', '안전한 식수에 관한 법(the Safe Drinking Water Act, 1974)' 등이 그것으로, 환경을 보존하기 위해 연방정부가 직접 작성함으로써 개발규제정책들이 빠르게 발전했다(Weitz, J., 1999: 26). 연방정부가 환경 관련 법안을 입법하면서 도시계획의 개혁이 시도되었다.

첫째, '국가환경정책법'의 제정을 통해 환경보호를 국가의 정책으로 선언하고, 그의 실행을 위한 목표를 설정한다. 이를 위해 대통령 직속으로 '환경의 질에 관한 위원회(Council on Environmental Quality: CEQ)'를 설치하며 연방정부가 벌이는 사업에 대해 환경영향 평가를 실시한다 (Loriff, R. A., 1980: 154-155). '국가환경정책법'은 도시계획법은 아니지만 개발 프로젝트에 대해 환경영향평가를 실시하고 그 결과를 공개하도록 하였다. 이 기능에 의해 도시계획의 변혁이 가속화되었다.

둘째는 '대기청정법', '수질청정법' 등 공해 관련 법안을 통해 규제치를 정함으로써 환경물질의 배출을 규제하고자 했다. 동 법은 발생원의 입지를 규제함으로써 토지이용규제법의 역할을 수행했다. '대기청정법', '수질청정법', 그리고 '안전한 식수법'은 주정부 차원에서 신규 프로젝트의 입지를 결정하는 데 관여하기 위해, 복잡한 토지이용 관련 규제적 프로그램을 수행하는 데에만 연간 거의 총 30억불을 지원했다(Popper, F. J., 1988: 293).

셋째, 습지대, 연안지역, 야생생물의 생식지역 등을 보호하고자 '연안지역관리법', '멸종위기에 있는 종의 법' 등의 법률이 제정되었다. 본 법은 일정 지역을 대상으로 한다는 점에서 기존의 토지이용규제와 유사하다. '연안지역관리법'은 종합적 환경보전을 이루기 위해 연방정부에 의해 처음 시도된 것이었다. 주정부는 연안지대 토지이용계획을 수립하여 연안환경을 보존하고 도시계획의 채택과 시행에 따른 예산은 연방정부의 보조를 받았다.

'멸종위기의 종에 관한 법'은 멸종할 위기에 처한 종의 서식지와 종의 생존을 위태롭게 하는 행위, 서식지를 훼손 혹은 변경시키는 행위를 일체 금지했다. '멸종위기의 종에 관한 법'은 '수질청정법'과 함께 습지대의 보호와 동시에 이제까지 용도지역제에서 다루어 오던 규제 내용이나 목적과는 다른 내용과 목적을 추구하는 토지이용규제를 시작했다.

주가 수립하는 토지이용계획은 연방정부가 정한 기준에 부합해야 했다. 주의 토지이용계획이 승인된 후에는 연방정부도 주가 정한 토지이용계획과 일관되게 행해야 했다. 1965년에서 1975년 사이에 최소한 20개 주가 주 차원의 환경 지향적 토지이용 관련법을 갖게 되었다(Popper, F. J., 1988: 293).

1970년대 초에는 주 및 지역차원의 '성장관리 프로그램'이 활짝 피어났다. '국가토지이용정책법'이 통과되기를 기대하면서 플로리다(1972)와 오리건(1973)은 주 차원의 '성장관리 프로그램'을 채택했고 '국가토지이용정책법'은 조지아와 워싱턴의 도시계획법의 통과를 도왔다. 1976

년에 발간된 미국법률가협회의 '모델토지개발법전'(1974)은 플로리다 주
와 오리건 주의 '성장관리 프로그램'의 작성에 영향을 미쳤다.

    당시 미국법률가협회의 '모델도시계획법'은 '주 전역에 영향을 미치
는 중요한 개발에 주정부가 관여'할 수 있다는 인식에서 비롯됐다. 부연
하자면 일상적인 소규모의 토지이용에 관한 권한은 종래대로 지방자치
체에 위임하지만, 광역적인 차원에서 대처해야 할 필요가 있는 토지이
용에 대한 결정은 주정부가 담당해야 한다는 게 기본적인 사고방식이었
다. 이 같은 인식에 따라 두 가지 개념, 즉 습지대 등 환경의 변화에 민
감한 지역에서 무차별적인 개발은 영구히 돌이킬 수 없는 영향을 미치
기 때문에 특별한 배려가 필요하다는 '중요한 관심지역이라는 개념'과
도시권 전체에 중요한 영향을 미치는 공공시설 혹은 저소득층을 위한
주택을 공급하는 '광역적인 편익을 가져오는 개발'이라 하는 개념이 새
로 도입되었다.

    이러한 2개의 개념이 적용되는 토지이용에 관해서는 개별 지방자치
체에 결정을 위임하지 않고 주정부가 광역적인 차원에서 판단한다. 그
러나 연방정부의 지원금을 받아 주 차원의 토지이용계획을 작성하고 환
경보존지역을 보호하는 절차를 두어 대규모 공공사업이나 민간개발을
규제하려 한 '국가토지이용정책법'이 미 의회에서 1976년에 부결되었
다. '국가토지이용정책법'이 좌절됨에 따라 토지이용규제의 '조용한 혁
명'도 종식되었다.

    '국가토지이용정책법'은 '조용한 혁명'의 결정판으로 환경보호지역을
보존하고 대형 민간개발 프로젝트와 대형 공공사업을 규제하기 위해 주
정부가 토지이용을 규제하도록 하는 것이 목적이었다. 그러나 미국 전
체를 대상으로 한 토지이용계획과 국토계획의 입안을 의도한 것은 아니

었다. 1970년대의 토지이용개혁은 무엇보다도 지방자치체에 위임된 토지이용규제에 광역정부를 개입시키는 데 주안점이 있었다. '국가토지이용정책법'의 좌절로 1970년대 토지이용 개혁운동은 한계에 부딪힌다.

5) '조용한 혁명'의 귀결

'국가토지이용정책법'이 의회에서 부결된 이후 1973년에 터진 오일쇼크와 곧이어 1974-1975년에 찾아온 불황은 개발업계에 커다란 타격을 주었고 그와 동시에 토지이용규제에 대한 저항감이 크게 일어났다.

그럼에도 불구하고 '조용한 혁명'은 주목할 만한 성과를 거두었다. 1970년대에 '조용한 혁명'이 벌어지지 않았다면 무참히 훼손되었을 토지이용 규제체계가 보존되고 효력을 유지했기 때문이다. '조용한 혁명'에 의한 다양한 토지이용규제에 대해서 미국 전역에서 '수용'이라 하면서 보상을 요구하는 소송이 이어졌지만, 대부분의 경우, 규제의 합헌성이 인정되었다(Callies, D. L., 1980: 142). '국가환경정책법'을 시작으로 한 일련의 환경입법과 주정부에 의한 광역토지이용 규제제도, 그리고 그에 따라 수백 개의 지방정부가 채택한 성장관리 프로그램 등 당시 이루어진 개혁은 용도지역제에만 의존하던 미국 도시계획의 한계를 극복하고 사유재산권의 보장을 전제로 하면서도 공공의 이익을 추구하는 현대적 도시계획을 향해 거보를 딛게 했다. 이러한 성과를 바탕으로 1980년대 들어서면서 '성장관리의 제2물결(1980-1988)'이라는 새로운 발전의 단계로 접어들게 된다.

그러나 앞에서 언급했듯이 '조용한 혁명'은 다음과 같은 문제점을 지니고 있었다.

첫째, 환경보전을 목적으로 한 개혁에만 집중함으로써 결과적으로 개혁의 사회적 지지기반을 협소하게 만드는 과오를 범했다(Mandelker, D. R., 1980: 133-134). 둘째, 사회적으로 공정한 토지이용의 실현과 도심의 열악한 주거환경 개선, 그리고 교외지의 '임대주택' 공급 등이 환경보전과 병행되어야 할 중요 과제로 인식되었음에도 불구하고 환경보전에만 치중함으로써, 부유계층에게 혜택이 돌아가는 '배타적 지역제'와 같은 보수적인 사회정책 프로그램을 극복하는 데에는 오히려 관심이 작았다. 셋째, 환경규제 관점도 환경에 나쁜 영향을 미치는 개발의 규제에만 몰두함으로써 환경의 파괴가 없는 바람직한 개발을 장려하는 데에는 미치지 못한 편협한 시각에 머물고 말았다.

4. 성장관리전략

1) 1980년대 성장관리의 전개

미국 도시계획은 '조용한 혁명' 이후 10년의 정체기를 거쳐 1980년대 후반부터 다시 개혁에 돌입한다. 1969년부터 1979년에 이르기까지 '조용한 혁명'이 몰고온 변화 이후 '성장관리의 제2물결'(Weitz, J, 1999)로 일컬어지는 새로운 운동이 일어났다. 그 배경에는 '조용한 혁명' 때처럼 미국 경제의 활성화라는 든든한 뒷받침이 있었다.

1970년대 후반 미국 경제는 성장률 저하와 인플레이션이 동시에 나타나는 스태그플레이션으로 어려움을 겪었다. 1980년대 들어 제2차 석유파동의 여파로 침체를 면치 못하던 경제는 후퇴하기까지 했다. 그러던 경제가 1983년부터는 차츰 회복궤도에 오르더니 1980년대 말까지 제2차세계대전 이후 최대 호황을 맞는다.

1980년대 초는 주계획 및 지역계획에 있어서 또다시 단절과 후퇴의 시기로 기록된다. 1980년대 초 레이건 정부는 토지이용규제를 포함한 각종 규제를 줄이고 규제 이전의 수준으로 주의 권한을 축소했다(Weitz, J., 1999: 28). 레이건 정부는 연방정부의 재정지원을 삭감해서 재정적자를 줄이는 데에만 관심이 있었지, 토지이용규제에는 관심이 없었다. 실제로 주차원에서의 토지이용에 개혁을 가하려는 노력은 1980년대 초에 약화되었고, 또한 광역차원의 지역계획은 쇠퇴의 시기로 접어들었다. 1970년대의 환경에 기초한 토지이용규제의 틀은 1980년대 초에 들어서면서 영향력이 축소되었다. 한편 전통적인 도면지향적 도시계획 모델은 이미 1970년대 초에 퇴조했다. 1980년대에는 물리적 계획을 강조하기보다 토지이용정책을 강조하는 쪽으로 초점이 이동하였다. 따라서 도시의 토지이용계획에서 정책계획과 개발관리계획의 비중이 확대되었다(Weitz, J., 1999: 29).

1980년대 발생한 다른 중요한 변화는 '내 고장에서 원하지 않는 토지이용(Locally Uwanted Land Use: LULU)'이 널리 확산되었다는 점이다. 1980년대 도시계획을 집행하는 지방정부에게는 버려진 부동산에 대한 새로운 인식의 증대, 도심지와 교외지에서 미개발지의 개발과 함께 재개발의 필요성, 그리고 이용되지 않는 기반시설, 주정부와 지방정부 간의 협력 증대, 나아가 전략적 계획과 구체적 계획의 결합이라는 중대한 변화를 가져왔다. 1980년대 컴퓨터설계(CAD), 지리정보시스템(GIS)등의 출현은 전통적인 토지이용 지도화 작업에 심대한 영향을 미쳤다. 또한 협상, 조정, 논쟁해결 기법이 도시계획의 집행과정에 도입되기 시작했다

(Weitz, J., 999: 28).

1980년대 미국 경제는 회복되었으나 심히 왜곡되어 있었다. 당시의 경제성장은 상류층에게 경제적 풍요를 가져오고 도시 중산층의 생활도 윤택해졌지만 저소득층의 생활은 더욱 피폐해졌다. 또한 1980년대의 성장은 지역적으로 심한 불균형을 나타냈다. 소위 '양 해안 주도 경제'라 하는 경제적 번영은 동서 양 해안에 집중되었고, 상대적으로 내륙의 많은 주는 발전을 못하고 후진을 면치 못했다. 금융, 부동산, 서비스 산업의 발전의 영향으로 뉴욕, 보스턴, 샌프란시스코 등과 같은 양 해안의 대도시들은 경제적으로 회복되었지만 내륙의 소도시들에서는 거꾸로 빈곤화가 진행되었다.

이와 같은 1980년대의 성장은 지역 환경과 거주민의 생활에 커다란 영향을 끼쳤고 이로써 새로운 도시정책의 입안을 재촉했다. 대대적인 주택지 개발에 직면한 교외도시에서는 인구증가의 억제와 개발에 따른 폐해의 시정을 목표로 한 성장관리 정책이 채택되었다.

캘리포니아의 예를 살펴보면, 1967년부터 1988년까지 지자체 혹은 군 정부가 채택한 성장관리 프로그램은 총 907건 정도이지만, 이 중에서 약 절반은 1980년대 후반에 채택된 것이다. 캘리포니아 교외도시의 성장관리 프로그램은 1970년대에는 캘리포니아 주 북부지역에 한정되어 있지만, 1980년대에는 로스앤젤레스와 샌디에이고 교외 등 남캘리포니아에까지 광범위하게 채택되었다. 플로리다 주와 매사추세츠 주 등 높은 성장을 이룩한 동·서 양 해안의 많은 지방에서 이와 같은 교외도시의 성장관리 프로그램이 채택되었다.

1980년대에 등장한 '성장관리 제2물결'의 특징은 다음과 같다. 첫째, 주정부의 성장관리정책이 광범위해서 지방정부의 성장관리 프로그램을

포괄하게 됨에 따라 프로그램의 일관성이 확보되었다. 둘째, 도심의 재
활성화 노력이다. 사무실 개발의 증가와 주택의 고급화로 도심경제가
활성화되었다. 이러한 배경에는 오피스 개발의 규제와 유도, 소수인종의
주택확보, 역사적 건축물 보전과 도시환경의 보전을 겨냥한 새로운 정
책이 깔려 있었다(DeGrove, J. M. and Metzger, P. M., 1993: 5). 샌프란시스
코와 보스턴은 선구적으로 교외도시의 성장관리와는 별개인 새로운 형
태의 도심성장 관리정책을 실시했다.

　1980년대에는 주정부와 지방정부를 포괄하는 새로운 도시계획 제도
의 출현과 도심 재활성화라는 두 개의 분야에서 1970년대의 '조용한 혁
명'에 필적하는 중요한 변화가 일어났다. 바로 이 두 분야의 새로운 얼
개가 소위 '제2차 성장관리'라 하는 것이다.

2) 1980년대 주정부 성장관리 프로그램의 특징

(1) 환경보전에서 생활의 질로
　1980년대 주 차원의 성장관리 시스템은 몇 가지 점에서 1970년대의
제도와는 다른 특징을 보인다.

　첫째, 1970년대의 정책목표는 자연환경의 보전이었다. 그러나 1980
년대의 성장관리는 자연환경의 보전과 함께 생활의 질의 유지와 향상을
과제로 한다(DeGrove, J. M. and Metzger, P. M., 1993: 5). 이때 생활의 질
에는 ① 자연환경의 보전, ② 교통혼잡과 같은 도시기반시설의 용량을
초과하는 개발의 지양, ③ 도시 외연부의 난개발 방지, ④ 저가 임대주
택의 공급, 그리고 ⑤ 경제쇠퇴지역의 개발의 촉진이라는 5가지 목표가
함축되어 있다(DeGrove, J. M. and Metzger, P. M., 1993: 4-8).

이 중에서 저가 임대주택의 공급과 낙후지역의 개발장려라는 이른바 계층간 분배의 정의와 지역 균형발전의 가치를 추구하는 적극적인 요소가 주목된다.

1980년대의 성장관리는 환경에 나쁜 영향을 미치는 마이너스 개발을 억제한다는 억제적인 측면만이 아니고, 플러스의 요소를 갖고 개발을 촉진한다는 측면도 포함하고 있다. 따라서 1980년대의 시스템은 이와 같은 교훈에 따라서 저가 임대주택, 경제개발이라는 분야를 추가하면서 보다 광범위한 지지기반을 획득했다.

(2) 종합계획으로서의 성장관리

1980년대 프로그램의 두드러진 두번째 특징은 종합계획의 역할의 중요성이 부각되었다는 점이다. 1970년대 주정부 프로그램은 광역적 영향을 미치는 개발과 환경을 보존해야 하는 지역에서의 개발은 주정부의 특별허가를 요구했다. 주정부가 직접 집행하는 이러한 규제적 수법은 1980년대의 성장관리 프로그램에서는 이미 중심 내용은 아니었다.

1980년대 이후의 성장관리 시스템은 종합계획을 작성하는 데 비중을 두면서 종합계획을 실현하기 위한 수단으로 다양한 규제적 수법을 활용했다. 그래서 많은 주에서 주정부 차원의 종합계획 또는 도시권역 차원의 종합계획을 작성했으며 그에 따라 지방정부에서도 종합계획을 의무적으로 작성하게 되었다.

이와 같이 종합계획이 중시된 이유는 첫째, '생활의 질'과 관련된 다양한 정책목표들간의 조정을 수월하게 하고 둘째, 지방정부를 포함한 많은 행정주체들간의 일관된 협력관계를 창출할 수 있으며 셋째, 점차적으로 중복된 규제들에 의한 폐해를 극복하고 신뢰를 바탕으로 소송에도 승리할 수 있는 성장관리 프로그램을 실현하고자 했기 때문이다.

성장관리 시스템이 핵심인 1980년대 이후의 종합계획은 몇 가지 점에서 종래의 종합계획과 구별된다. 그것은 종합계획이 단순한 지침이 아닌 입법부에 의해서 결정되고, 승인되는 법적 구속력을 지니게 되었다는 점이다.

(3) 주정부와 지방정부의 연대와 제휴

1980년대 프로그램의 세번째 특징은 주정부의 역할을 강화시키면서도 지방정부의 권한을 약화시키지 않았으며 오히려 자치기능을 강화시켰다는 점이다.

드 그로브는 주정부의 성장관리 프로그램이 지방정부의 자치권력이 강화된 이유를 다음과 같이 설명하고 있다.

지방정부는 새로운 시스템의 도입으로 자치권력이 3가지 측면에서 강화되었음을 발견한다. 첫째, 지방정부간의 수평적 일관성을 요구하는 규정에 의해 근린 자치체간의 외연적 확산에 의한 폐해로부터 벗어나는 것이 가능해졌다. 둘째, 주정부는 지방정부가 상위계획에 일치하지 않는 사업을 실시하는 것을 막을 수 있게 되었다. 셋째, 지방정부는 도시계획의 작성과 집행에 필요한 예산을 주정부로부터 지원을 받을 수 있게 되었다(DeGrove, J. M. and Metzger, P. M., 1993: 13).

(4) 성장관리 프로그램 실효성의 중시

1980년대 프로그램의 네번째 특징은 프로그램의 집행단계가 중시되고 실효성을 확보하기 위한 조치들이 취해진 점을 꼽을 수 있다. 1980년대의 성장관리가 종합계획을 핵심으로 하지만, 종합계획은 실행될 때

라야 의미가 있고 또 실효성이 확보되어야만 진정한 종합계획 중심의 시스템이라고 할 수 있다. 계획과 규제의 일관성이 지켜지는 것은 실효성을 확보하기 위해서는 매우 중요하다. 그래서 종합계획과 그 실행수단인 용도지역제 등의 규제수법과의 일관성을 요구하게 된다(DeGrove, J. M. and Metzger, P. M., 1993: 6).

'일관성' 규정이 도입됨에 따라 용도지역제는 종합계획에 부합되어야 한다. 이로써 종합계획과 용도지역제의 관계가 완전히 역전해서 명목상으로는 오래 전부터 그래왔던 것처럼 실제로도 용도지역제가 종합계획의 지배하에 놓이게 된다. 플로리다 주의 '동시성' 규정은 수립단계에서부터 종합계획과 기반시설 정비프로그램을 연결시켜 종합계획의 실효성을 확보하고자 했다. 도시개발에 따른 수요에 부응하기 위해 '기반시설 정비프로그램'을 정비하는 것이 '성장관리 프로그램'의 주요 목적이지만, 미국의 주정부, 지방정부 또는 그 외 정부기관은 재원난을 겪고 있어 필요한 기반시설의 정비가 제때 이루어지기란 실로 어려운 형편이었다(DeGrove, J. M. and Metzger, P. M., 1993: 14).

이 때문에 귀중한 재원에 의한 기반시설을 효과적으로 사용하기 위해서는 종합계획과 일관되는 기반시설 정비프로그램을 작성하고 이것에 기초해서 기반시설정비가 이루어지도록 하는 것이 더욱 중요한 문제로 떠올랐다.

5. 1990년대의 종합계획의 새로운 경향

플로리다 주의 '제3차 환경보전을 위한 토지관리 위원회(Environ-

mental Land Management Study: ELMS III, 1989)'가 주도하는 '도시성장형
태 작업팀'과 오리건 주의 '오리건의 1000명의 친구'에 의한 '전국성장
관리 리더십프로젝트'의 수립은 주차원의 종합계획에 관심이 증폭되고
있음을 여실히 보여 주었다.

1994년에 시작한 미국 도시계획가협회의 '스마트 성장프로그램'은
또한 주 종합계획에 대한 관심을 보여주는 새로운 출발이었다. 1990년
'수질청정법 수정안'의 의회에서의 채택 그리고 1991년 '종합육상교통
촉진법(the Intermodal Surface Transportation Efficiency Act: ISTEA)'은 1990
년대 계획의 새로운 방향을 나타내고 있다. 1990년대 초 연방정부차원
에서는 교통과 토지이용을 통합하는 새로운 법안의 입법을 준비했다.
미 전역의 많은 지방 및 광역차원의 기구들 특히 오리건 주의 광역기구
들은 교통과 토지이용을 결합하는 도시계획을 추구했다. 1990년대의 도
시계획 업무는 설계, 정책, 관리를 포함하는 혼합계획의 특징을 띠게 되
었다.

1990년대 지리정보체계(GIS) 기술이 진보함에 따라 토지이용계획과
토지이용 분류체계, 그리고 정책계획 등을 통합 시켰다. 1990년대 애틀
랜타(1998), 메릴랜드(1994), 오리건(1993) 주의 지방정부들은 지리정보체
계 기술을 도시계획안을 수립하는 과정에 적용해서 도시계획안 작성의
새로운 가능성을 보였다. 1990년대의 도시계획실무는 적주성 있고, 지
속가능한 커뮤니티의 실현을 지향했다. 그와 동시에 토지이용방식을 개
혁하고자하는 열의는 주정부가 주도적으로 작성하는 종합계획과 지방
정부가 집행하는 규제방식을 표준화시키고자 하였다. 개발로 인해 발생
하는 재정수요의 증가를 분석하는 '재정충격분석'은 1990년대 들어서
비로소 탁월한 도시계획 규제라는 것이 증명되었다(Weitz, J., 1999: 29).

1990년대 계획의 새로운 방향 중 마지막으로 꼽을 수 있는 경향은 정책을 평가한 후 그 결과에 따라 성장관리 기법을 응용하는 방식이라고 할 수 있다. 이 방식은 주 성장관리 프로그램의 역사 중에서 '성장관리의 제3물결'(1989-1997)의 가장 중요한 특징을 나타낸다(Weitz, J., 1999: 30).

6. 성장관리의 요소, 규제 내용, 문제점

1) 성장관리의 요소

'성장관리 프로그램'은 성장정책에 대한 방향, 개발계획, 다양한 시행수단, 규제장치, 과세방안, 기반시설 투자프로그램, 토지취득기법 등의 내용을 포함하고 있다. 이 내용들은 일종의 정부프로그램으로 만들어져 장래 발생할 개발의 '비율', '크기', '형태', '입지', '양'에 영향을 미치게 된다.

그러므로 지방정부에서 수립하는 다양한 정부정책과 지방정부가 이미 갖고 있는 계획내용, 규제수단 및 관리기법 등은 성장관리안을 작성하는 데 영향을 미치게 된다. 그리고 성장관리 과정은 개발률, 개발의 규모, 형태, 입지 등을 관리해서 개발의 전체적인 형태와 성격에 영향을 미치고자 한다. 또한 성장관리의 효율성과 균형을 판단하기 위해 개발의 결과 발생하는 환경적 충격, 재정적 충격, 지역균형에 대한 충격을 분석한다.

지방정부는 개발의 결과 발생하는 다양한 성장의 특징을 관리해서 성장의 부정적 충격을 최소화시키고자 한다. 예를 들면 지방정부는 성장으로 인한 추가적인 재정부담을 최소화하기 위해 이미 설치된 상·하수도 시스템이 지탱할 수 있는 용량의 한도 내에만 시설이 입지되도록 성장률을 제한한다.

'성장관리 프로그램'은 자연환경을 보존하고 공공시설 서비스를 공급할 수 있는 정부의 능력에 맞추어 공공시설 서비스 수요의 발생을 조절하고 재정적자를 겪지 않도록 하며 특히 저소득층이 직장 근처에 거주할 기회를 제공하는 등 사회정의의 관점이 도입되었으며, 커뮤니티가 갖고 있는 고유한 생활 스타일을 보호하는 목표를 추구한다. '성장관리 프로그램'은 도시계획과 용도지역제에 의한 전통적인 규제방식, 택지분할규제를 사용하는 정부의 권한, 개발의 영향하에 있는 지구의 지리적 범위를 넘어서 시행된다(Mandelker, D. R., Cunningham, R. A. and Payne, J. M., 1996: 655).

2) 성장관리 프로그램의 개념

(1) 용도지역제에서 성장관리전략으로

'성장관리 프로그램'은 교외지의 빠른 성장에 대처하기 위해 개발되었다. 즉, 교외지의 신개발지에서 진행되는 빠른 개발속도에 맞추어 공공서비스를 제공하지 못하는 어려움, 불균등 성장 패턴을 창출하는 산개한 신개발지, 농업 및 환경보호지역에 피해를 입히는 등의 많은 토지이용 문제가 발생하자 이에 대처하기 위해 출현했다.

그러나 안타깝게도 기존의 용도지역제는 이러한 문제들을 해결할 수 없었다. 전통적인 용도지역제는 장래 발생할 개발의 입지와 강도만을 규제하고자 했다(Juergensmeyer, J. C. and Roberts, T. E., 1998: 365-368). 따라서 도시교외지에서 진행되는 새로운 문제는 대처할 수 없었다.

전통적인 규제기법인 용도지역제와 택지분할규제가 지지되는 배경은 개인 부동산 소유자들의 부동산 가격의 상승에 대한 관심과 지자체의 성장을 통해서 재정수입기반의 확충을 노리는 지방정부의 목적과 일치하기 때문이다.

전통적인 토지이용 규제방식은 지방정부의 성장률과 형태에 영향을 미친다. 예를 들면 용도지역에 따라 허용가능한 밀도를 할당하는 방식으로 수용가능한 인구를 예측하거나, 대지면적의 최소한도를 설정해서 개발이 진행되는 속도에 따라 허용가능한 인구 한도를 설정한다. 따라서 커뮤니티의 최대 인구와 성장률을 통제하는 것은 전통적인 용도지역제와 택지분할규제가 추구한 최소한의 목표였다.

'성장관리 프로그램'에서 사용하는 규제방식은 전통적인 규제기법보다 복잡하고 정교하다. '용도지역제'가 위치나 개발의 규모에 영향을 미친다면 '성장관리 프로그램'은 개발의 시점까지 통제할 수 있는 기제를 갖고 있다. 단적으로 말하면 '성장관리 프로그램'은 성장을 제한하고 성장이 미치는 영향을 관리하는 데 초점을 둔다. 그러나 문제는 '성장관리 프로그램'의 많은 기법들이 지역의 이익집단과 지방정부의 재정기반 확충요구를 만족시키면서 소기의 목적을 달성할 수 있을까하는 점이다..

'성장관리 프로그램'이 등장할 때의 초기 모습은 전통적인 규제기법인 '용도지역제'가 관심을 두었던 건강성, 안전성, 복지성을 넘어서 환경과 관련이 깊었으며, 오히려 성장을 촉진하려기보다는 성장이 빠르게 진행되는 커뮤니티의 성장속도를 늦추고자 하였다. 가장 최근의 '성장관리 프로그램'의 모습은 '삶의 질' 향상과 도시의 무분별한 확산을 방지하는 노력과 깊게 관련되었다. 그 결과 커뮤니티는 '성장관리 프로그

램'을 통해 다양한 목표를 갖게 되었고 이를 달성하기 위해 많은 종류
의 기법들을 수용하게 되었다(Smith, M. T., 1993: 45-46).

(2) 성장관리 개념

1980년대 주택경기의 후퇴로 성장관리 프로그램에 대한 관심이 감소
하다가 인구가 빠르게 증가했던 캘리포니아, 플로리다 주에서 성장의
압력이 높아지자 성장관리에 대한 관심이 되살아났다.

성장관리 초기 프로그램은 전통적인 용도지역제에 성장을 통제할 수
있는 새로운 규제수단이 추가되었다. 그것은 해마다 신규 개발의 규모
를 산정해서 그에 따른 적정한 공공시설의 공급을 요구할 수 있도록 했
다. 그리고 종합계획에 의해 작성된 성장관리 정책을 따라야 한다고 요
구하지만 별반 다른 수법이 없었기 때문에 전통적인 용도지역제와 도시
계획기법에 대한 의존은 여전했다.

1970년대와 1980년대를 풍미한 성장관리계획은 전통적인 토지이용
규제기법을 활용해서 성장의 규모와 속도를 조절해야 했다. 그러므로
개발이 허가되는 곳에서는 언제, 어디서, 얼마나 많은 성장이 발생하는
가에 대한 주제와 함께 전통적인 '유클리드 용도지역제'가 규제하는 높
이, 부피, 용도의 요소도 중요하게 간주되었다.

성장관리 개념에서는 다음의 개념을 중요하게 꼽을 수 있는데, 그들
은 상호 밀접하게 연관되어 있다. 즉, '수용 용량', '충격분석', '지속가
능한 개발'이라는 3개의 개념을 꼽을 수 있다.

'수용 용량'은 자연적 또는 현재의 상태에서 토지가 생태계의 파괴
없이 개발을 수용할 수 있는 용량을 측정한 뒤 토지이용을 결정할 때
환경적 기준을 결정하는 기초자료로 사용한다. 다시 말하면 '수용 용량'

은 개발이 가져오는 충격을 평가하는 방법으로 인정된다.

'충격분석' 개념을 토지이용규제에 적용하기 위해 '연계', '완화', '전이' 등 3가지 형태로 변형시켜 적용할 수 있다.

'연계'는 한 가지를 개발하기 원하는 개발업자는 또한 다른 무엇인가를 건설할 것을 요구한다. 즉, 오피스 개발업자에게는 주택건설이 요구된다.

'완화'는 개발의 충격을 완화시키고 균등한 편익을 창출하기 위해 개발업자로 하여금 충격에 대한 반작용을 요구한다. 즉, 습지를 파괴하는 프로젝트는 어느 곳에선가 균등한 습지를 조성할 것을 요구한다.

'전이'는 어떤 형태의 개발이 발생할 때 인접한 다른 곳이 갖고 있는 동등한 권리를 훼손할 때는 허가 여부가 조건화된다. 예를 들면 고층화하기 위해서는 인접 역사적 건축물의 '공중권'의 취득에 의존하게 된다 (Juergensmeyer, J. C. and Roberts, T. E., 1993: 365-368).

3) 성장관리의 규제 형태

규제적 성장관리 프로그램의 기본적인 형태는 '적정 공공시설 프로그램', '성장단계 프로그램', '도시성장경계', '성장률 프로그램', '동시성 원칙', '부담금' 등이 있다.

⑴ 적정 공공시설의 요구

'적정 공공시설 프로그램'은 적정한 공공시설이 활용 가능한 곳에만 개발을 허가한다. 커뮤니티는 적정한 공공시설을 당장 활용할 수 없거나, 신개발로 인해 발생하는 신규 수요에 부응해야 하는 시점까지 적정한 공공시설을 활용할 수 없다면 그 개발을 승인하지 않는다는 조례를 채택하고 있다. 예를 들면 플로리다의 브라우드 카운티는 10여 종류의 '적정 공공시설' 요구에 부합하는 개발제안서를 제출할 것을 요구하고 있다. 즉, 광역 도로망체계, 도로통행권, 주 간선 그리고 분산도로까지의 접근, 상수관리, 상·하수 처리, 폐기물 수거 및 처리, 광역 및 지역 공원, 학교부지와 건축물, 경찰서 및 소방서 등의 공공시설의 설치에 관한 계획을 요구한다.

콜로라도 주는 각 군이 택지분할을 승인하기 전에 상수공급과 폐수처리시설의 타당성을 요구해왔다. 플로리다 주는 1986년의 주법에서 '동시성' 요구로서 모든 정부는 다양한 공공시설의 타당성 기준을 채택할 것을 요구했다.

성장의 충격을 관리하는 데 실패한 캘리포니아 주의 리버모아에서는 '시민발의'에 의해 개발을 일시적으로 정지시키는 '모라토리움' 제도를 채택했다. 그 결과 건축허가에 대한 '모라토리움'이 부과되기도 했다 (Kelly, E. D., 1993: 46).

적정한 공공시설 기준이 어떻게 성장을 관리하는가에 대해서는 두 가지 답변이 있다. 첫째, 빠르게 성장하는 커뮤니티가 갖고 있는 커다란 관심사의 하나는 공공서비스 시설의 활용이다. 적정한 공공시설 기준은 공공시설이 개발을 지원하는 데 활용될 수 없다면, 신개발은 허가되지 않음을 규정한다. 둘째, 적정한 공공시설의 요구에 의하면 개발은 기존의 공공시설 근처에 입지하려는 경향이 있기 때문에 적정한 공공시설의 요구로 성장의 입지를 형성하는 데 영향을 미칠 수 있다(Kelly, E. D., 1993: 48). 따라서 '적정 공공시설의 요구'로 성장을 관리할 수 있다.

⑵ 단계적 성장 프로그램

'단계적 성장프로그램'은 특정한 입지를 지정해서 개발을 유도하면서 용도지역제에 의한 규제의 한계를 보완한다. 단계적 개발은 공공시설 제공 능력, 환경적 폐해 여부 등에 입각해서 결정된다. 일반적으로 '단계적 성장 프로그램'은 학교와 같은 공공시설을 활용할 수 있는 커뮤니티의 성장을 촉진하는 경향이 있다.

라마포 프로그램은 초기 '단계적 성장 프로그램'에 속한다. 프로그램에 따르면 어떤 개발 요청이 있을 때 공공시설의 활용 정도에 기초해서 점수를 매긴 후 개발, 즉 성장의 시기를 정하게 되어 있다. 이에 따라 라마포 프로그램은 개발에 앞서 18년간 커뮤니티 전역에 필요한 공공시설의 정비를 촉구하는 결과를 낳았다. 공공시설이 전혀 없거나 부족한 곳은 개발에 돌입하기 전에 개발업자가 적정 공공시설을 공급해서 적정 점수를 얻은 다음에 개발에 돌입할 수 있었다. 그러므로 개발의 시기는 공공시설을 정비하는 시점에 따르게 된다. 이렇듯 '단계적 성장 프로그램'은 성장관리 프로그램의 가장 대중적인 형태라 하겠다.

캘리포니아 주의 리버모아 시는 대부분 '시기'에 의존하는 프로그램을 작성했다. 리버모아는 새로운 '주택시행정책'을 3년마다 채택했다. '주택시행정책'의 열쇠는 개발이 환경에 미치는 폐해 여부와 일자리 창출, 그리고 현재의 공공시설 수용 용량에 입각해서 성장률을 정하는 것이다. 그리고 매 3년마다 도시가 기대하는 개발 형태와 입지의 우선순위를 정한다. 이러한 우선 순위는 프로젝트의 실제 적용에 사용됐다.

캘리포니아 주의 산호세 시는 에버그린 지역에서 성장을 단계적으로 추진했다. 리버모아 시의 '성장단계화 프로그램'과 같이 '산호세 프로그램'은 시의회에 의해 채택됐으며, 도시계획 담당공무원들은 매년 '에버그린 지역 관찰보고서'를 제출했다. 그리고 보고서는 이듬해 성장의 가이드라인을 정할 때 기초자료로 활용된다. 이때 시의회는 '에버그린' 지역의 현재와 장래의 도로 용량에 기초해서 신규 공급 주거의 수를 할당한다.

클라크타운과 라마포에서와 같이 실제 수용 용량에 기초해서 신개발지를 지원하는 방식보다 발전된 것이 리버모아 또는 산호세에서의 후기 '성장단계화 프로그램'이다. 산호세와 리버모아의 '후기 성장단계화 프로그램'은 단계적 성장 지역을 결정할 때 커뮤니티의 실제 수용 용량보다는 적정 공공시설 개념에 입각해서 신규 주거를 할당했다. 그리고 커뮤니티가 특별한 시기에 특별한 지역에 따른 100호, 1000호 등의 건설 규모를 허가할 수 있어 성장의 형태와 시기가 합리적으로 예측된다.

(3) 도시성장경계

'도시성장경계 프로그램'은 도시 경계를 기점으로 선을 긋고 그 경계 밖의 개발을 제한하거나 금지하면서 도시의 형태를 규제하려는 프로그램이다. '도시성장경계 프로그램'은 '도시 난개발'을 방지하고, 농업용지와 미개발 토지를 보호하는 데 초점을 두었다. '도시성장경계' 안쪽으로는 택지분할, 업무지구, 병원, 공단, 대학 등 도시적 용도의 시설이 입지해 있다. 이 지역을 '도시화지역'이라고 한다. 그러나 경계 밖의 지역은 정반대이다. 여하한 종류의 택지분할이나, 제조업 활동, 쇼핑몰, 업무지구 등은 경계선 밖에서는 금지된다. '도시성장경계' 밖의 구역으로는 전용농업지역과 산림보전지역 등이 있다.

'도시성장경계'는 일종의 '성장단계화 프로그램'이다. 클라크타운의 '단계화 프로그램'은 특정한 시점의 특정한 지역에 대해, 모든 성장 또

<그림 8-1> 도시성장경계 개념도

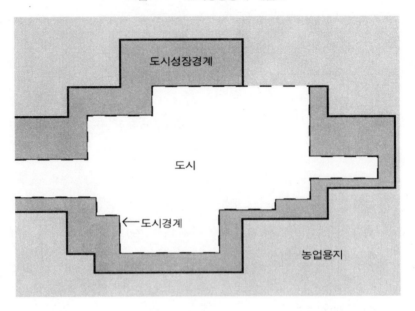

는 더욱 집약적인 성장이 가능하도록 제한하면서, 성장이 단계적으로 진행되도록 유도했다. 콜로라도 주 볼더 시는 초기 성장관리 프로그램에 따라 1,712m 고도의 블루라인(blue line)을 도시주변을 둘러싸는 능선을 따라 지정했다. 그 이유는 도시의 등뼈 역할을 하는 산 능선 위로 성장을 제한하려는 것보다는, 그 경계 이상으로는 상수 공급이 용이하지 않았기 때문이다.

'도시성장경계 프로그램'은 단순한 '성장단계화 프로그램'이라고 하기에는 경직된 규제제도이다. 예컨대 볼더 시는 도시경계지역의 토지를 대부분 공동소유 형태로 사들임으로써 종래의 성장관리 프로그램과는 다른 '도시성장경계 프로그램'을 창출했다. '도시성장경계 프로그램'은 종래의 프로그램과 비교해볼 때 훨씬 분명하게 도시의 경계를 지정함으로써 연이어 발생하게 마련인 도시 난개발을 사전에 방지하고자 했으며, 도시의 형태에도 영향을 미친다. 그러나 실제로는 경계를 넘어서는 '개구리 뜀뛰기'식의 불연속적인 개발이라는 예기치 못한 부작용을 낳았다. '도시성장경계 프로그램'은 도시성장을 위해 넓은 범위의 경계를 지정할 뿐, 성장관리의 핵심 주제가 되는 공공시설 서비스의 과부하, 교통체증, 과밀학교와 같은 주제들은 다루지 않았다.

(4) 성장률 프로그램

적정수준의 공공시설을 요구하는 프로그램은 앞에서 살펴본 바와 같이 일정 시점에서 실제 공공시설의 용량을 측정한 뒤, 이를 기초로 커뮤니티의 성장률을 효과적으로 규제하고자 하는 것이다. 산호세 시는 '공공시설의 활용성'을 일정 연도까지 '최대 허용 성장률'로 바꾸었다. 그러나 몇몇 커뮤니티에서는 성장률로 일정 가이드 라인을 정하면서 직접적으로 규제하기도 한다. 예를 들면 캘리포니아 주의 페탈루마 시와 '페탈루마 프로그램'에 기초한 콜로라도 주의 볼더 시가 그에 해당한다.

'성장률 프로그램'은 퍼센티지 또는 숫자로 성장률을 정한 뒤 성장지역을 지정한다. 캘리포니아 주의 페탈루마 시와 콜로라도 주의 볼더 시는 그와 같이 프로그램을 채택한 대표적인 사례이다. 페탈루마 시는 1년에 500호의 신축을 허가하고, 볼더 시는 연간 2%의 성장을 허용했다. 그 배경을 좀더 살펴보면 이와 같다.

페탈루마 시는 1971년까지 연간 10%씩 높은 성장률을 경험했다. 높은 성장의 충격에 직면한 페탈루마 시는 '성장규제 프로그램'의 첫 단계인 용도변경 '모라토리움'을 채택했다. 1972년 8월 시는 '주거지 개발규제 시스템'을 채택했는데, 1992년까지 적용된 '주거지 성장 프로그램'

의 선구자가 되었다. '페탈루마 프로그램'은 상대적으로 단순했다. 페탈루마 시는 매년 500호의 신규 주거를 허용했다. 이 수치는 프로그램을 채택한 시점의 인구에 기초한 것으로 500호는 5% 이상의 최대 연간 성장률을 의미한다. 그러나 1991년까지 시의 실질적인 평균 성장률은 3.5%에 그쳤다. '볼더 프로그램'은 '페탈루마 프로그램'의 제2판이라고 할 수 있다. 볼더 시는 페탈루마 시가 프로그램을 채택한 4년 후인 1976년에 처음으로 프로그램을 채택했다. 이 프로그램은 개발의 허용한 도로 도시 내 거주 가구의 증가율을 단지 1.5%로 설정했다.

'볼더 프로그램'은 1992년까지 적용되었다. 볼더 시도 페탈루마 시와 같이 도시의 실질적 성장률은 프로그램이 설정하여 허용한 수치 이하였다. 성장이 군(郡)의 다른 지역으로 이동했다 할지라도 군의 총 성장률은 연간 2%로 성장 목표치 이하에 머물렀다.

(5) 동시성 요구

플로리다 주의 '동시성' 요구는 플로리다의 급격한 인구증가로 도시 하부구조시설이 부족해지기 때문에 개발의 충격을 흡수하기 위해서는 필요한 하부구조시설을 '성장하는 만큼 지불하라(pay as you grow)'는 원칙에서 나왔다(DeGrove, J., 1992: 220).

의회는 주정부가 지방계획을 검토하고 승인하는 '주종합계획법'(1985)의 목적은 교통, 상수, 하수, 학교, 공원, 여가시설, 학교시설 등의 공급과 서비스를 적정한 수준에서 효과적으로 제공하기 위해 지방정부에 '동시성' 권한을 위임했다.

따라서 '플로리다 지방정부 종합계획법'은 지방정부로 하여금 다음과 같은 토지개발 규제를 채택하도록 요구했다.

공공시설과 서비스는 법률의 조항 163.3177(Section 163.3177)에 따라 '기반시설 정비프로그램'이 규정한 기준에 부합하거나 또는 초과해야 하고 개발을 위해 필요할 때는 활용할 수 있어야 한다. 또한 지방정부가 작성한 종합계획에 따라 제공되었다고 주장하는 서비스가 수준에 미달할 때는 허가되지 않으며 공공시설 서비스 수준의 저하를 가져오는 어떠한 개발명령도 하지 않는다.

1986년 플로리다 주의회는 지방계획법안을 수정하면서 더 강력한 '동시성' 요구를 구체화시켰다. 첫째, 어떤 개발을 지원하는 데 필요한 공공시설과 서비스는 그 개발의 영향이 발생함과 동시에 활용될 수 있어야 한다. 이 지침은 개발의 진행에 따라 공공시설과 서비스의 공급이 단계적으로 이루어져야 하며, 개발의 충격과 동시에 활용할 수 있어야 한다(Pelham, G., 1993: 99). 둘째, 지방정부가 일치성 검토를 위해 주의 토지계획기구에 종합계획을 제출한 후에도 '동시성' 요구는 1년 이내에 시행되어야 한다. 셋째, 주의회는 지방정부가 공공시설의 서비스 수준을 종합계획에 명시하도록 의무화했다. 넷째, 의회는 지방계획의 일치성을 검토하는 권한을 주정부 내의 토지계획기구에 부여했다.

1986년 의회는 법률적으로 '동시성' 요구를 통합했지만, 다음과 같은 '동시성' 주제에 대해서는 어떤 지침도 명백하게 정하지 않았다. 즉, 어떤 공공시설이 '동시성'의 통제하에 있는지, 시설이 '동시성' 요구의 목적을 위해 활용될 수 있는 때가 언제인지가 모호했다. 이에 따라 주정부 내 토지계획기구가 상위계획과 지방정부가 수립한 계획이 일치하는지를 심의하면서 '동시성' 요구조항에 해당되는 시설과 그 범주를 확인하고, 시설의 활용이 가능한 시기와 각 지방정부가 '동시성'의 관리체계를 채택해야 할 시기를 정했다. 그 결과 주정부는 교통, 위생처리, 폐기물,

배수, 식수, 여가시설과 오픈 스페이스를 '동시성' 조항의 규제범주에
드는 하부구조시설로 규정했다.

(6) 공개공지 지역제

공개공지 지역제(Open Space Zoning)는 지역제의 또 다른 혁신적 기법
이라고 할 수 있다. 공개공지 지역제는 주거지 개발을 허가할 때 일차적
으로 농촌의 전원적 풍경을 보호하고, 환경자원을 보존하는 데 비중을
둔다. 공개공지를 최대한 확보하는 데 큰 비중을 두는 공개공지 지역제
는 계획단위개발(PUD) 방식과는 다르며, 단지개발의 일차 목적을 공개
공지의 보호에 두고 있다. 이 기법은 이미 개발된 단지의 공개공지도 영
구히 보존하려고 하며, 그리고 환경훼손을 막기 위해 주거지 개발을 할
때에도 집합개발 같은 비전통적인 기법을 사용할 것을 권장한다. 결과
적으로 영구 공개공지는 개발용도로 사용되지 않으며, 환경훼손을 막는
법률적인 장치도 갖추고 있다. 미시건 주의 리빙스톤 카운티는 1992년
공개공지 지역제를 채택해서 성공적으로 운용하고 있다. 리빙스톤 카운
티는 조례 내에서 규제내용을 상세하게 정의하는 전통적인 지역제와는
달리 공개공지 보호를 위해 담당공무원에게 재량적 허가권한을 주어 유
연적 규제를 가능하게 했다. 그리고 더 나아가 공개공지 마스터플랜도
작성해서 공개공지의 보존에 크게 성공했다.

(7) 부담금

'성장으로 하여금 그 비용을 지불하게 하라'. 대부분의 지방정부는
1990년대 초 성장하는 지역의 기반시설 정비비용을 개발업자에게 요구
하는 '부담금' 정책을 채택했다. '부담금' 정책 이전에도 대부분의 지방

<표 8-3> 규제의 형태와 목적

각종 규제기법	지역지구제, 택지분할 규제, 환경 관련 규제
공공기반시설투자	공공시설이 설치되어 있는 곳에만 개발이 허용되도록 경계를 설정. 도시 서비스 경계, 점수에 의한 허가제, 인구 수용 한계
지방정부의 세원 확충	개발충격세
직·간접적인 정부의 재정지원	직접 토지매입을 위한 토지수용권, 세금공제, 세금인센티브

정부는 개발업자에게 택지분할지구 내의 도로포장과 공급처리시설과 같은 기반시설 개선비용을 요구했지만, '부담금' 제도는 더욱 강력한 기반시설 비용부담제도이다. 개발업자에게 부지접근로나 또는 하수처리시설의 개선을 요구했다. 예를 들면 교통영향분석에 의해 개발지역 인근의 교차로의 교통신호등의 설치 또는 개발지의 진·출입이 원활하도록 회전 차선의 설치 등을 요청하기도 했다.

　이와 같은 개발부담금 때문에 커뮤니티는 주요 간선도로 또는 신규 하수처리시설 같은 대규모 공급처리시설 비용을 분담할 능력이 있는 개발업자를 선호했다.

　'부담금' 정책과 '성장관리' 정책의 목표는 때로는 중복되기도 한다. 종합적 성장관리 프로그램에 '부담금' 정책을 포함하는 것이 합리적이라고 할 수 있다. 그러나 많은 커뮤니티들이 '성장관리정책'보다는 '부담금 정책'을 취하고 있다. 그리고 두 개의 정책을 모두 채택해서 사용하거나, 별도로 분리해서 집행하는 지방정부도 있다. 성장관리의 효과도 매우 다르게 나타나, 예를 들면 커뮤니티는 도로에 관련한 '개발부담금' 정책과 도로에 대해 적정한 공공시설기준이라는 2개의 정책을 채택한

다. 그러나 단순히 개발업자가 '개발부담금'을 부담했다고 적정 공공시
설의 요구규정이 면제되는 것은 아니다.

4) 성장관리의 문제점

성장관리제도가 보급되고 채택되면서 다양한 기법을 수용한 커뮤니
티들간의 충돌과 갈등이 빚어졌을 뿐만 아니라 커뮤니티의 개별적인 노
력과 지역 또는 주정부 단위의 기법과 목표가 상충되기도 했다. 따라서
성장관리가 보급되면서 생긴 문제점은 다음과 같다.

(1) 누적적 규제
용도분리, 밀도규정, 커뮤니티의 동질성 확보, 최소필지규모 등을 사
용하는 전통적인 용도지역제 기법들은 도시 스프롤 현상의 원인으로 작
용하기 때문에 성장관리의 목표와 서로 충돌했다.

(2) 주정부와 지방정부 간의 갈등
주 차원의 환경목표와 경제발전 프로그램이 지방정부의 목표와 상충
되기도 했다. 이런 와중에서 일부 주는 광역정부나 지방정부에게 주의
목표를 달성하기 위한 지침을 위임하기도 했다. 오리건 주의 경우 포틀
랜드 지역에 '도시서비스 경계'를 적용했고, 플로리다 주의 경우 모든
군과 지방정부의 종합계획은 주의 목표와 일치되어야 했다.

(3) 지방 간 갈등
지방정부 차원에서 채택된 성장관리기법들은 일반적으로 기존 커뮤

니티 주민들의 재산가치를 증대시키는 데 초점이 맞추어져 있다. 도시 난개발과 관련해 커뮤니티들은 '도시서비스 경계', '그린벨트 지대', '점수에 기반한 허가제' 등 좀더 압축적인 도시형태와 기반시설 공급비용을 저렴하게 하는 관련 기법들을 채택하게 된다. 이로써 한 지역의 개발제약으로 인해 다른 지역으로 개발업자가 이동해서 개발하고자 하기 때문에 광역차원에서 보면 난개발이 발생하게 된다.

(4) 재정적 갈등

커뮤니티들의 재정수입 증대욕구와 성장억제정책은 서로 갈등을 일으키게 된다. 지방정부는 우선적으로 재정적 압박을 해결하기 위해 일반적으로 다음의 세 가지 방법을 사용한다.

① 지방정부의 재정에 도움만 되는 개발을 허용하는 규제방법: 재정영향 분석 기법을 통해 개발의 유형을 결정한다.
② 신규 개발에 소요되는 공공기반시설비용을 최소화하기 위해 개발유형을 변경하는 방법: 압축적인 개발패턴의 권장, '개발권 이양', '도시서비스 경계', '점수에 기반한 허가제', '유연한 용도지역제' 등의 기법이 이에 해당된다.
③ 공공기반시설 설치에 드는 비용을 공공부문에서 민간부문으로 이양시키는 방법: '개발영향 부담금'이 한 예이다.

(5) 시행상의 주제

정치적인 이유에 의한 규제, 주민의 특정 규제기법에 대한 무관심, 실행상의 비용 문제가 이에 해당한다. 규제의 효과는 공공의 지원과 수행의 질에 따라 좌우된다.

9. 각 주의 성장관리 계획

1970년대 초 보셀만과 칼리스의 '조용한 혁명' 선언 이후 그 약속은 아직도 완전히 이행되지 않고 있다. 단지 일부 주에서만 환경계획과는 다른 별도의 토지이용계획을 작성하는 데 관여했다. 각 주마다 토지이용계획에 관여하는 목적과 범위는 큰 차이를 보이고 있다.

본 장에서는 각각 고유의 특징을 보이는 오리건, 플로리다, 캘리포니아, 버몬트 등 4개 주의 토지이용계획을 소개한다. 여기서 소개하는 각 주들은 주차원의 개입이 절실히 필요한 어려운 문제에 직면하고 있었다.

오리건 주는 해안선을 따라 성장의 압력과 투기적 도시개발에 직면했다. 플로리다 주는 경이적인 성장을 경험했다. 캘리포니아 주는 왕성한 개발 붐으로 인해 해안으로 시민이 접근해서, 해변을 즐길 수 있는 지역이 급격히 감소하는 위기를 맞이했다. 버몬트 주는 갑작스럽게 엄청난 개발압력을 받고 있었다.

이들 주에서는 성장에 대처해서 성장을 효과적으로 다루는 방법을 제시해야 하는 공통점을 지니고 있다. 그러나 본 장에서 설명하듯이 각 주가 당면하는 고유한 문제에 대처해서 각 주는 나름대로 개성있는 목표의 설정과 제약의 부과, 그리고 종합계획을 수립했다. 오리건 주에서는 주의 목표를 열거한 리스트에 순응해야 하는 지방 종합계획체계를 제시했다. 플로리다 주는 '생태계가 위험한 지역', '광역적 충격을 주는 지역'을 주 차원에서 규제하는 방법을 제시했다. 캘리포니아 주는 해안을 관리하는 토지이용 계획체계를 수립했으며, 버몬트 주는 개발계획체계를 행정지도할 시민지구위원회를 조직했다.

1. 오리건

오리건 주의 도시계획은 환경보호철학의 영향을 강하게 받았다. 오리건 주의 경제는 임업과 농업이었던 관계로 천연자원을 효과적으로 관리하는 게 매우 중요했다. 1950년대와 1960년대의 사회·경제환경의 변화와 환경윤리의 변화는 오리건 주의 도시계획 프로그램 작성에 크게 영향을 미친 배경이다.

오리건 주의 인구는 20년 간격으로 살펴보면 1950년에는 150만, 1970년 210만, 1990년에는 280만으로 늘어났다. 이렇게 증가한 인구의 대부분은 윌라메트 계곡 지역에서 흡수했다. 1960년에서 1980년 사이에 미국의 인구는 26% 증가했는데, 오리건 주는 거의 두 배에 해당하는 49%의 증가율을 기록했다.

1969년에 오리건의 톰 맥콜 주지사의 주도로 '상원헌장 10'이 통과됨에 따라 주 전역을 대상으로 하는 도시계획 프로그램이 개발되었다. '상

원헌장 10'은 주지사에게 지방정부에 구애받지 않고 주 차원에서 주 전
역의 토지이용계획을 마련하고, 용도지역을 지정할 수 있는 권한을 주
었다. 오리건 의회는 해안지역의 보존과 개발을 위한 종합계획을 마련
하기 위해 오리건 '해안지대관리법(1973)'을 통과시켰다.

주 차원에서 1973년에는 '상원헌장 10'이 효과가 없었기 때문에 '상
원헌장 100'으로 대체되었다. '상원헌장 100'은 현재까지도 오리건 주
의 계획체계에 영향을 미치고 있다. '상원헌장 100'은 모든 지방정부가
관할구역 내의 모든 토지에 대해 주 전역의 계획과 부합하는 종합계획
을 준비하고 시행에 필요한 규제를 채택하고, 마련할 것을 규정하였다.
'상원헌장 100' 이전에는 오리건 주 대부분의 도시와 군(郡)은 지방계획
을 작성하지 않았다(Howe, D. A, 1993: 62).

1975년 '오리건의 1,000명의 친구들'이 조직되어, '상원헌장 100'의
완전한 실현과 주 전역을 대상으로 하는 도시계획 목표의 시행과 달성
을 감시했다. '오리건의 1,000명의 친구들'은 지방정부와 '토지보전과
개발 위원회(Land Conservation and Development Commission: LCDC)'의 결
정에 전략적으로 도전하기 위해 법원제도를 이용했다. '오리건의 1,000
명의 친구들'은 토지 관련 연구작업과 주의회를 통한 입법활동을 했으
며 그리고 '토지자원 보존과 개발과(Department of Land Conservation and
Development: DLCD)'와 지방정부에 대해 기술적인 지원을 했다. 1980년
대 말 '오리건의 1,000명의 친구들'은 도시 난개발을 막기 위해 '도시성
장경계' 내의 개발이 효과적으로 시행되도록 하는 데 많은 관심을 가졌다.

오리건 주의회에서 지방계획이 승인될 때까지 '토지자원 보존과 개발
과'가 지방의 토지이용 결정에 대한 권한을 갖는다. 주지사가 임명한 7
명의 '토지보전과 개발위원회' 위원은 프로그램의 기준을 정하는 정책

<표 8-4> 오리건 주 전역의 계획 목표

1. 시민참여	계획과정의 모든 단계에 시민이 참여할 수 있는 기회를 보장한다.
2. 토지이용계획	토지이용 결정을 위한 타당한 사실적 기초를 강조하는 토지이용 계획과정과 정책적 틀을 제정한다.
3. 농업용 토지	농업용 토지를 보전하고 관리한다.
4. 산림용 토지	건강한 산림자원인 산림토지에 대한 산림용 나무의 육림과 제재로 주의 산림경제를 보호한다.
5. 오픈스페이스, 경관보호, 역사적 구역 보전	오픈스페이스와 자연자원 보존, 그리고 경관이 좋은 지역을 보존한다.
6. 공기, 물, 토지자원의 질	공기, 물, 토지자원의 질을 유지하고 향상시킨다.
7. 자연재해와 위험에 노출된 지역	자연재해와 위험으로부터 부동산과 생명을 보호한다.
8. 레크리에이션의 필요	거주자와 방문자의 여가생활의 욕구를 만족시키고 리조트를 포함한 여가시설을 배치해서 제공한다.
9. 경제개발	주 전역의 다양한 경제활동을 위한 타당한 기초를 제공한다.
10. 주택	시민이 필요로 하는 주택을 제공한다.
11. 공공시설과 서비스	도시 및 농촌 개발에 기여하는 공공시설과 서비스의 적절하고 질서있고, 효율적인 개발을 계획한다.
12. 수송	안전하고, 편리하고, 경제적인 수송체계를 제공하고, 촉진한다.
13. 에너지보전	에너지를 보전한다.
14. 도시화	질서있고 효과적인 농촌으로부터 도시토지 이용으로의 전이를 원활하게 한다.
15. 윌라메트 강 입구	윌라메트 강을 따라 토지의 자연적, 경관적, 역사적, 농업, 경제, 여가의 질을 보호하고 보존한다.
16. 하구언 자원	하구언 관련 자원의 환경적, 경제적, 사회적 가치를 개발, 유지, 복원하고 보호한다.
17. 해안토지	모든 해안토지의 자원과 편익을 개발하거나 복원, 보존, 보호한다.
18. 해변과 사구	해변과 사구지역의 자원과 편익을 개발하고 복원, 보존, 보호한다.
19. 해양자원	근해와 해양 그리고 대륙만의 장기적 가치, 편익, 자연자원을 보전한다.

입안기구로 기능했다. '토지자원 보존과 개발과'라는 별도의 특별기구
는 토지이용 프로그램을 담당하는 주의 행정기구를 감독했다. 1974년
11월 '토지자원 보존과 개발과'는 주 전역의 계획 목표를 채택했다.
1986년 242개의 모든 시와 군은 종합계획을 승인했다. '토지자원 보존
과 개발과'는 지방정부가 계획의 요구조항에 부응할 것을 의무화했다.

모든 군과 도시는 19개에 해당하는 주 전역의 목표와 일치하는 종합
계획과 토지이용규제를 채택해야 했다. 즉, 주 차원의 계획은 부재했으
나 주의 목표는 작동했다(<표 8-4> 참조). 주정부는 도시와 군에서 작성
한 계획과 토지이용규제가 '주의 목표'와 일치하는지를 심사했다. 이 계
획과 규제는 매 5-7년마다 주기적으로 심사를 받아야 했다. 이때 도시와
군의 계획 및 토지이용규제는 주의 목표와 행정규칙 그리고 지방의 필
요 등을 고려해서 수정된다.

오리건 주에서는 1973년 이후 모든 도시가 '도시성장경계(Urban
Growth Boundary)'를 채택할 것을 요구받았다. 그리고 1995년 이후부터
는 '도시성장경계' 내에서 20년간 예측한 도시의 성장에 필요한 도시용
토지의 공급을 요구했다.

'도시성장경계' 안쪽에 있는 미개발 농업용 토지는 '도시화할 수 있
는' 토지로 지정된다. 종합계획은 사전에 토지를 분할하지 못하게 해서
상수, 하수, 교통서비스 같은 하부구조시설 비용을 절감하고자 했다.
'도시성장경계'에 둘러싸인 각각의 도시와 군은 '도시성장경계' 내부에
통합되지 않는 지역을 위해 스스로의 계획을 조정해야만 한다.

1979년에는 '토지이용조정국(Land Use Board of Appeal: LUBA)'이 만들
어졌다. 이는 토지와 관련된 문제를 심의하기 위해 3명의 위원으로 구
성된 독립재판소이다. 지방의 용도지역제 변경에 대한 청원은 '토지이

용조정국'에 신청하고, 그 다음은 '주 항소법원' 그리고 마지막으로 '주 대법원'으로 간다.

오리건 프로그램의 가장 중요한 성과 중의 하나는 주정부의 토지이용 정책이 지방정부까지 확산되었다는 점이다. 주정부가 지방계획 승인과 정에 개입해서 지방정부가 지정하는 '도시성장경계'의 반경보다 작게 '도시성장경계'를 지정하도록 하기도 하였다. 그 이유는 '도시성장경계' 내에 고밀도 주거를 유도하고 산업용 토지의 할당을 증대시키고자 했기 때문이었다(Howe, D. A, 1993: 67). 오리건 주의 토지이용계획 프로그램 은 '자연자원의 보호'와 '도시개발'이 2개의 축을 이룬다고 할 수 있다.

2. 플로리다

플로리다 주는 1972년에 주 전역에 적용되는 주요 법률들, 즉 '환경 보호를 위한 토지와 수질관리법(the Environmental Land and Water Manage-ment Act: ELWMA, 1972)'과 '주종합계획법(the State Comprehensive Planning Act, 1972)', '수질청정법(the Water Resource Act, 1972)'을 통과시켰다.

'환경보호를 위한 토지와 수질관리법'은 광역적 충격을 주는 개발에 대해서 평가와 심사를 요구했다. 동시에 '주 종합계획법'의 제정은 플로 리다의 주 종합계획을 위한 초기의 노력에 해당한다. 이러한 프로그램 을 돕기 위해 플로리다 의회는 '제1차 환경보호를 위한 토지관리위원회 (Environmental Land Management Study Committee: ELMSI, 1972)'를 조직했다.

주정부는 '환경보호를 위한 토지와 수질관리법'을 책임있게 수행할 10개의 '지역계획위원회(Regional Planning Counciuls: RPCs)'를 모든 시·군

정부가 구성하도록 지원했다.

'지역계획위원회'를 구성해서 전문적으로 훈련받은 도시계획가와 시위원을 배출했다. 그리고 '지역계획위원회'의 권한과 경찰권을 강화시켰다. '지역계획위원회'의 기능은 '광역적 충격을 주는 개발(Development of regional Impacts: DRI)'을 검토하고 지방의 토지이용과 환경관련 주제에 대해 직접 개입한다. 특히 농촌지역에서는 종합계획과 경제개발에 대해 책임을 지기도 했다.

플로리다 주의 '지방정부종합계획법(Local Government Comprehensive Planning Act: LGCPA, 1975)'은 모든 지방정부에 지방종합계획의 작성을 요구했다. '지방정부종합계획법' 이후에도 '지역계획위원회'는 '광역적 충격을 주는 개발'을 심사하는 역할을 계속했다.

'지역계획위원회'의 심사기능은 관대한 관계 법령 때문에 제대로 수행되지 못했다. '지역계획위원회'의 검토내용과 의견은 지방정부를 구속하지 못했으며 자문적인 역할에 머물렀다.

1970년대 플로리다 주에서는 대규모로 인구가 증가하여, 1970년 670만 명에서 1980년에는 1,000만 명으로 증가했다. 이러한 대규모의 인구증가는 플로리다 환경에 엄청난 충격을 주었다. 이러한 성장에 대한 관심으로 1982년에는 '제2차 환경보호를 위한 토지관리 위원회(ELMS II)'가 구성되었다. '제2차 환경보호를 위한 토지관리위원회'는 지방정부의 종합계획 작성권한을 강화시키고 주의 기능분담계획, 지역계획을 통해 시행되는 주 계획의 개발을 제안했다.

플로리다 의회는 1975년의 '지방정부종합계획법'을 수정한 '지방정부 종합계획과 토지규제법(1985)'을 채택했다. 1986년에는 '지방정부종합계획법'을 수정해서 '동시성' 규정을 강화했다. 1986년 이후 지방정부는 지방종합계획을 작성해서 주의 토지계획기구에 검토와 승인을 요청했다. 이 시기에는 많은 지방정부에서 새로운 토지개발규제를 채택했는데, 예를 들면 '적정한 공공시설', '동시성' 요구 같은 규제를 채택하기 시작했다. 1991년 주지사는 '지방종합계획법'의 지방의 조정을 위해 '3차 환경보호를 위한 토지관리위원회(ELMS III)'의 위원들을 임명했다.

플로리다의 계획 과정은 지방정부가 주의 가이드라인을 받아 종합계획 준비권한을 위임받은 하향식 계획방식이라고 할 수 있다.

3. 캘리포니아

캘리포니아 주에서도 놀라운 속도로 인구가 증가하고 있다. 캘리포니아 인구는 1991년 현재 3,000만 명을 초과한다. 1980년대 캘리포니아 주는 미국 역사에서 유례를 찾을 수 없을 만큼 많은 인구유입의 증가를 경험을 했다.

캘리포니아 주의 '성장관리 프로그램'은 1970년대 초에 라마포 성장관리계획안이 법원(1972)에서 승소한 뒤 곧 바로 등장했다. 또한 1972년 샌프란시스코 북쪽에 위치한 페탈루마 시는 주 최초로 건축허가 '캡(cap)', 즉 연간 500호로 주거용 건축허가를 제한하는 규제를 부과했다.

페탈루마 시는 제안된 모든 주거지 프로젝트를 점수제로 평가하고 공공시설보다는 미학적 쾌적성에 보다 많은 점수를 주는 '미적 경쟁' 같은 성장관리의 이정표가 되는 개념을 도입했다.

그러나 뉴욕 주법원이 라마포 사례에서와 같이 9차 순회 재판소는 페탈루마의 할당시스템을 경찰권의 적법한 행위로 인정했다. 그 이후 10

<그림 9-1> 캘리포니아 샌디에이고의 계층체계

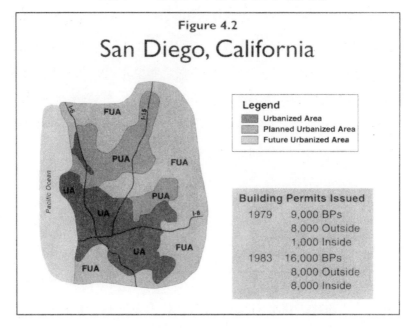

년간 성장관리 시스템은 캘리포니아 주의 여러 곳에서 사용되고 있다.

캘리포니아 주의 가장 발전된 성장관리 시스템은 1978년 샌디에이고 시에서 채택되었다. 샌디에이고 시는 도시를 3개의 지역으로 나누었다. '도시화된 지역', '계획된 도시화 지역', '농촌지역'이 그것이다. '도시화된 지역'에서는 토지가 이용되지 않고 빈 땅을 채우는 식의 '충진개발'을 장려하기 위해 세금을 면제해주었다. 그러나 농촌지역의 개발을 억제하기 위해 개발업자들로 하여금 모든 하부구조의 공급비용을 부담토록 했다. 교외지역의 토지소유자들은 의무적으로 하부구조 공급비용을 부담해야 한다고 평가된 지구에서는 하부구조와 공공시설을 공급하는 비용을 부담했다.

샌디에이고 시스템은 다음과 같은 이유 때문에 중요하다. 첫째, 기반
시설정비를 위한 재정지원과 성장관리를 결합하는 참신한 아이디어를
개발했다. 둘째, 샌디에이고는 지리적으로 매우 광대하기 때문에 3개의
지역으로 나누었는데, 결과적으로 올바른 지역체계였다는 것을 입증했
다. 셋째, 1980년대 말 경 도시지역은 인구성장의 60%를 받아들였다.
교외지역은 30% 가량, 농촌지역에서는 매우 작은 규모의 인구성장만
수용했다. 샌디에이고 시스템은 매우 잘 운영되었다. 그러나 도시지역에
만 대형개발이 집중되었고 '개발부담금'은 연기되었으며 도시는 추가적
으로 필요한 하부구조를 건설하는 데 어려움을 겪었다(Fulton, W., 1993:
117).

1980년대 들어서면서 성장을 바라보는 캘리포니아 주민들의 태도가
크게 바뀌기 시작했다. 캘리포니아 주 130년의 역사에서 처음으로 주민
들이 대규모 성장에 대해 의문을 품기 시작했다. 그러나 이러한 변화는
전국적으로 비슷한 분위기를 반영하는 것이었다.

1973년에 있었던 부동산 세율을 낮추면서 지방정부의 세수를 삭감한
'제안 13(Proposition 13)'의 여파로 '토지이용의 재정화'라는 혁신적인 용
도지역제가 출현했다. 충분한 부동산세를 거둬들여 기반시설 비용을 조
달할 수 없게 된 도시들은 신규 프로젝트에 비싼 세금을 부과하기 시작
했다. 주정부는 자동차 딜러와 쇼핑센터 같은 대규모 판매세 납부자를
유치하도록 고안된 토지이용규제를 시행하기 시작했다. 그 반면에 캘리
포니아 주 내 지방자치정부는 재정지출을 유발시키는 주택지 개발은 억
제했다. '제안 13'과 동시에 주정부와 연방정부의 예산삭감은 지난 30
년간 지속되어 붐을 이뤘던 캘리포니아 기반시설 건설을 중단시켜 기존
의 하부구조, 특히 도로를 더욱 과밀하게 만들었다.

캘리포니아 주에서 고용 중심지의 분산화와 손쉬운 신용대출, 그리고 외국인 직접투자에 의해 추진되는 개발의 붐과 지방정부가 선호하는 '토지이용의 재정화' 때문에 대형 프로젝트가 계획되고, 진행되었다. 그리고 보기 드물게도 많은 업무지구가 농촌 교외지로 이전해서 세워졌다. '개발비용을 지불하라(pay its own way)'는 명제가 실현되지 않았기 때문에 신규 개발에 회의적인 로스앤젤레스, 샌디에이고 같은 대도시 주변의 교외 거주자들은 대형 프로젝트가 입지해도 통제할 능력을 상실했다.

이러한 사태를 배경으로 해서 반(反)성장의 정서가 확산되는 분위기 속에 캘리포니아 대법원은 도시계획과 관련된 결정에 대해 주민의 직접 참여를 허용했다. 1980년 대법원은 모든 토지이용 결정은 주민투표에 붙여질 수 있다고 결정했다. 그 결과 투표가 용도지역제를 결정하는 수단이 되었으며, 주민에 의한 투표의 결과는 지방의 성장을 제약하는 쪽으로 나타나는 게 일반적이었다.

이러한 성장관리의 노력은 폭 넓게 확산되어갔다. 성장관리 프로그램의 대부분은 '캘리포니아 해안법(California Coastal Act, 1976)'하에서 20년간 지역환경 보호의 경험이 있는 해안지역에 집중되었다.

그러나 많은 성장관리 조례들이 내륙의 커뮤니티에 의해서도 시행되었다. 해안지역이 주택건설을 제한하는 것에 비해 센트럴 벨리 같은 내륙지역은 '그린벨트' 또는 '도시한계선'을 시행했다. 그 이유는 농지의 보전이 지역의 주요 과제였기 때문이다.

이러한 성장의 규제와 성장관리기법은 다양한 형태와 크기를 지니고 있었다. 주거용 건축물 허가에 대한 제약은 샌디에이고와 벤트라 카운티와 같은 부유한 지역에서는 인기가 있었다. 로스앤젤레스에서는 거주자들이 모든 상업지역을 절반으로 줄이도록 투표했다. 센트럴 코스트에 있는 여러 커뮤니티들은 식수의 보호를 위해 신규 건설을 억제했다.

이러한 성장관리 수단의 복합적인 장치에서도 여러 가지 혁신적인 기법이 출현했다. 즉, 일부 지방 커뮤니티는 기반시설이 제공되지 않을 경우 개발을 금지하는 '동시성' 조항을 제도화하기 시작했다. 1985년 웨트랜드 크릭의 유권자들은 캘리포니아 주에서 최초로 '동시성'안을 승인했다(Fulton, W., 1993: 119). 2년 후에는 오랫동안 끌어온 환경소송을 종식시키기 위해 로스앤젤레스 군(郡)은 활용 가능한 기반시설의 용량을 조사해서 신개발이 그 용량의 범위에서 이루어지도록 하는 '개발감시체계'를 규정했다. 여러 지방정부는 한 걸음 더 나아가 기반시설의 활용여부뿐만 아니라, 기반시설자금의 활용까지 개발에 연동시켰다. 예를 들면 칼스바드 시는 20여 년 동안 신개발의 규모를 제한하는 '성장관리스킴'을 제정하고 그 개발을 실행하는 데 요구되는 기반시설의 규모를 산정하고 그 규모에 기초해서 '개발부담금'을 책정했다.

그런가 하면 일부 도시들에서는 주로 주거지 프로젝트에 적용되던 개발제한을 상업용, 공업용 프로젝트에도 적용했다. 샌프란시스코, 파사데나, 산타모니카는 연간 상업용 건축물의 허가 규모를 제한하는 조례를 제정하기도 했다.

이러한 모든 성장관리 수단은 많은 커뮤니티들이 계획목표를 수립하는 것을 도왔다. 기반시설 공급에 의존한 성장관리 덕분에 기존의 고속도로와 쓰레기 처리용량이 개발에 미치지 못하는 일은 일어나지 않았다. 그리고 주민간에 쟁점이 되는 토지이용주제에 대해서는 주민투표로 토지이용을 결정하는 '투표함 지역제(ballot-box zoning)'로 인해 커뮤니티 주민이 도시계획 준비과정과 성장관리 프로그램에 관여할 수 있게 되었다.

그럼에도 불구하고 이러한 모든 자치체의 노력은 실지로 1980년대 캘리포니아의 성장을 관리하거나 준비하는 데 전혀 도움이 되지 못했다. '토지이용의 재정화'에 따르면 가장 성공적인 성장관리체계는 자연자원을 보존하거나 커뮤니티의 지속가능성을 보호하는 데 있는 것이 아니고, 고액의 납세기업이나 기반시설 공급비용을 지불할 수 있는 대형 기업체를 유치해서 커뮤니티의 자금 유동성을 풍부하게 해주는 것이었다(Fulton, W., 1993: 121). 그리고 성장관리 안은 지방중심적 성격을 갖고 있었고 성장을 제한하고자 했기 때문에 환경적으로는 해당 지자체의 관할구역밖에는 관심이 없었으며 그리고 지방이익 중심적 속성 때문에 대도시권 차원의 지속가능한 성장은 수립될 수 없었다. 일자리와 근접한 커뮤니티는 성장이 억제되고 일자리에서 먼 미개발지역은 성장이 장려되는 탓에 성장정책을 지방에 이양한 후 캘리포니아 주는 난개발을 양산하는 예기치 못한 결과를 맞았다.

1980년대 캘리포니아는 이처럼 성장의 문제에 대해 미래지향적인 정책을 취하지 못해 성장관리 정책에 있어서 뒤처졌다.

그러나 1990년대부터 성장과 관련된 주제에 대한 해결책을 담은 제안서가 속속 제출되기 시작했다. 캘리포니아의 주요 대도시권들이 지역성장관리를 위한 그들 자신의 제안서를 제출하기 시작했던 것이다. 샌프란시스코에 있는 '베이비전 2020(Bay Vision 2020)'은 여러 지역기구의 통합을 제안했다. 반면에 로스앤젤레스에 있는 로스앤젤레스 2000은 지역성장 전담기구와 환경 전담기구의 설치를 제안했다. 샌디에이고의 자족적 대도시권역에 있는 유권자들은 군(郡) 내 자치체에 성장 할당을 담당할 지역성장관리 기구의 설치를 승인했다.

캘리포니아 주가 하루 빨리 자동차 의존적인 도시형태에서 벗어나도록 개발법규를 개정하고, 이어 장기적으로 토지이용 형태에 있어서 더욱 균형감을 살리는 방향으로 지역기구들의 노력이 경주된다면 미래의 캘리포니아는 경제적으로 활력이 넘치고, 적주성 있으며, 지속가능한 주로 다시 등장할 것이다.

4. 버몬트

버몬트 주는 하와이 주에 이어 두번째로 '조용한 혁명'에 합류한 주이다.

하와이 주가 기념비적인 토지이용법제를 채택한 이후 1970년 버몬트 주는 '법안 250(Act 250)'을 채택했다. '법안 250'의 핵심 내용은 주 전역을 대상으로 광역적 수준에서 규제할 수 있는 '개발허가체계'를 도입했다. 버몬트 주는 1990년 인구 58만 2,758명에 불과한 미국에서 면적과 인구가 가장 작은 주 중의 하나이다. 버몬트 주의 최대 도시 벌링턴(Burlington) 대도시권은 1990년에 인구가 13만 7,079명에 이르렀다. 버몬트 주에서는 이렇다 할 대도시는 없으며 주로 농촌적 성격이 강한 주이다(Kelly, E. D., 1993: 108).

새로운 토지이용법제인 '법안 250'을 주의회가 채택한 배경에는 농촌지역에 관광지 개발의 열풍이 불었기 때문이었다. 이 새로운 토지이용법규는 1만 2,224평 이상 규모의 공업이나 상업용도의 개발, 그리고 8km 이내에 10개 이상의 주택 프로젝트가 진행될 때에는 개발허가를 받을 것을 요구했다. 또한 1만 2,224평(=10에이커) 미만의 필지가 10개 이상으로 택지가 분할되면 개발허가를 받아야만 했다.

'법안 250'은 개발허가를 승인하는 데 10개의 기준을 적용했다. 그
중 5개 요구사항은 미국에서 처음으로 '적정한 공공시설' 기준을 열거
해서 충족시킬 것을 요구한 주에 해당된다. '법안 250'은 다음과 같은
기준이 충족될 때에만 개발제안서를 승인하도록 규정했다. 우선 '적정
한 공공시설' 제공에 해당되는 기준부터 살펴보면 아래와 같다(Kelly, E.
D., 1993: 109).

2. 택지개발 또는 개발로 인해 발생하는 수요를 충족시킬 만한 상수가 공
   급되어야 한다.
3. 기존 상수 공급시설에 무리한 부담을 주어선 안 된다.
5. 고속도로나 기존 도로 또는 신설 도로에 무리한 혼잡이나 위험을 초래
   할 여건이 조성되어서는 안 된다.
6. 지자체가 제공하는 교육 서비스에 부담을 주어서는 안 된다.
7. 지방정부가 제공하는 공공 서비스 능력에 무리한 부담을 주어서는 안 된다.

나머지 5개의 허가기준은 환경 관련 주제와 계획내용의 일치를 요구
하고 있다. 그러므로 개발 승인을 얻기 위해서는 다음과 같은 기준을 충
족시켜야 한다.

1. 사용할 수 없는 상수 또는 공기오염을 초래해서는 안 된다.
4. 상수를 포함한 토지의 용량에 위험을 초래하거나, 토양침하 또는 침식
   을 유발해서는 안 된다.
8. 지역의 경관이 자연상태의 아름다움을 유지하거나 미학적으로 가치 있
   고 그리고 역사적인 장소에 회복이 불가능한 훼손을 초래해서는 안 된다.
9. 토지이용계획 또는 '토지 가용용량계획(land capability plan)'이 개발계
   획과 일치해야 한다.

10. 개발계획이 지방계획과 광역계획 또는 기반시설 정비프로그램과 일치
해야 한다.

그리고 '법안 250'은 3종류의 계획을 채택할 것을 규정했다. '중간계
획', '토지용량과 개발계획', 그리고 '주 토지이용계획'이다. 버몬트 주
의회와 주지사는 '중간계획'을 1972년에 승인했으며 2년 후에는 '토지
가용용량과 개발계획'을 승인했다. 이 계획은 엄격한 환경기준을 제시
했으며 지방의 통제를 강화시켰다. 그러나 '주 토지이용계획'의 제정에
는 실패했다. '법안 250'이 주 전역에 대해 강력한 개발규제로 제정됐지
만, 고속도로변의 1만 2,224평 미만의 소규모 상업용도 개발과 1만
2,224평 이상 규모의 택지분할은 예외적 경우로, 개발규제 승인심사가
면제되었다. 결국 규제의 소홀로 나중에 1만 2,224평 이상 되는 개발은
커다란 사회문제를 일으켰다. 그러나 '법안 250'의 제정으로 버몬트 주
전역에 대한 개발규제가 강화되고 그와 더불어 성장의 질이 향상된 것
만은 부인할 수 없는 사실이다.

버몬트 주는 1973년 혁신적인 토지 관련 세제를 도입하는데, 그것은
바로 '토지이득세'였다. 이 토지세제는 토지 보유 기간과 토지 이득에
따라 세율이 결정되는 혁신적인 세제였다. 토지 보유 기간이 1년 미만
이고 200% 이상 토지가격이 상승하면 최대 60%까지 과세한다. 그리고
토지 보유 기간이 5년 이상이고 토지 이득이 100% 미만이면 세율은 5
%로 낮아진다. 그리고 6년 이상 보유하면 토지 소득세는 부과되지 않
는다. 그러나 일반 건물과 주거용 건축물에 대해서는 '토지이득세'가 면
제되었다. 즉, '토지이득세'는 투기 억제에 초점을 맞춘 세제였다. 그것
은 토지를 이용해서 불로소득을 얻기 위해 택지를 분할하는 사람과 개

발업자에게 적용됐기 때문에 개발활동과 택지분할 행위에도 영향을 미
쳤다.

1980년대에는 주 전역을 적용대상으로 한 계획법제인 '법안 200(Act
200)'이 상정됐다. '법안 250'의 단점을 보완하고 계속되는 성장의 압력
에 대처하기 위해 이외에도 여러 가지 제안들이 이어졌다. 이 중에는 개
발심의과정을 지방, 광역, 주 차원으로 3단계의 심의과정을 거치도록 규
정한 제안도 있었고 주 전역을 대상으로 한 계획 지침도 있었다(Kelly, E.
D., 1993: 111).

그러나 버몬트 주의회의 반대로 '법안 200'은 지방계획과 주의 목표
와의 일치를 요구하는 데 실패했다. 그러나 '법안 200'은 주가 제시하는
목표를 수용하는 지방정부에게는 인센티브 형식의 재정지원을 했다. 그
리고 '광역계획위원회'가 확정한 계획을 채택하는 지방정부에게 '개발
영향세'를 부과할 권한을 위임했다.

10. 현대 도시계획의 특징과 의의

1. 특징

1980년대 '성장관리의 제2물결'로 대표되는 도시계획의 개혁은 1990년대에 들어와 경제가 정체하면서 그 힘을 잃었다. 그러나 1960년대 후반부터 나타난 '조용한 혁명'에 의한 개혁의 성과가 1970년대 후반 이후 경기 정체기에 약화된 것과는 달리 1980년대의 개혁의 성과가 1990년대에 소멸된 것이 아니라 기본적인 구조는 지속적으로 이루어지고 있었다. 1995년 플로리다, 조지아, 메인, 메릴랜드, 뉴저지, 오리건, 로드아일랜드, 버몬트, 워싱턴 주에서는 주 전역을 대상으로 한 '성장관리법'이 제정되었다. 1993년 코넷티컷 주에서는 정책계획을 시행했다. 이런 주들은 1980년과 1990년대에 두드러지게 성장했으며 특이하게 동서양 해안에 위치해 있다(Diamond, H. L. and Noonan, P. F., 1996: 26-27).

이러한 개혁의 성과는 미국 도시계획의 현주소가 어디인지를 잘 보여

준다. 30년간의 개혁이 만들어낸 새로운 도시계획의 내용은 다양하지만 근대 도시계획의 내용과 비교해보면 다음과 같은 5가지 특징으로 요약된다.

> 첫째, 환경규제의 도입 등에서 나타나듯이 재산권에 대한 제약이 강화되었다.
> 둘째, 시민단체의 조직화와 감시에 의해 도시계획 과정이 투명화되었으며 또한 주민참여 사례가 증가하였다.
> 셋째, '일치성'에 대한 요구가 증대되면서 '마스터플랜'이 '용도지역제'에 대해 우위를 점하였다.
> 넷째, 저가 임대주택의 공급을 중시하는 등 사회·경제적 관점이 도입되어 사회정의를 중시하였다.
> 다섯째, 주정부의 성장관리 정책에 주 또는 지역적 차원에서 계획을 작성하는 광역적 관점이 도입되었다.

이와 같은 특징을 지닌 새로운 도시계획은 20세기 초에 탄생해서 1920년대에 이르러 확립된 근대 도시계획과는 분명히 다르다. 그것은 더이상 중산층의 재산권 보전을 최대의 목표로 한 도시계획이 아니다 (Babcock, R. F., 1966: 116). 거듭된 개혁을 통해 다듬어진 오늘날의 미국의 도시계획은 환경보전을 위해 혹은 사회정의의 실현을 위해, 경우에 따라서는 토지 소유권자의 권리를 대담하게 제한하기도 한다. 이와 같은 새로운 도시계획을 '현대 도시계획'이라고 부를 수 있다. 19세기말의 '혁신적' 개혁운동이 근대 도시계획을 만들어낸 것처럼, 1960년대 이후의 시민권 운동과 환경보호운동으로 대표되는 시민운동이 현대 도시계획을 만들어냈다(Teitz, M. B., 1996: 650).

단 이러한 '현대 도시계획'의 탄생에도 불구하고 그것이 미국의 도시계획이 '근대 도시계획'에서 '현대 도시계획'으로 완전히 탈바꿈했음을 의미하지 않는다. 주정부 차원의 성장관리계획을 채용한 주가 미국 전역에서—하와이, 버몬트, 플로리다, 오리건, 캘리포니아, 조지아, 메인, 뉴저지, 로드 아일랜드, 워싱턴—등 10개 주에 불과한 것에서 단적으로 나타나듯이 도시계획의 개혁이 진행되지 않는 지역도 광범위하게 존재하고 있다. 어떤 면에서는 근대 도시계획의 특징, 혹은 한계가 아직도 미국 도시계획의 기조를 형성하고 있는 게 사실이다(조재성, 2002: 343).

2. 의의

지역 또는 주정부의 주도에 의한 지침 또는 개발계획은 지방정부에 의한 개발계획과 규제라는 전통적인 방식에 대한 도전이다. 도전의 배경은 지방정부에 의한 개발은 지역 및 주의 이익보다는 순전히 지방의 이해에 기반하여 결정을 하고 특별한 이익집단의 압력에 취약하며, 미래개발을 위한 도시계획을 만족할 만한 수준으로 수행할 수 없으며, 지자체 또는 군의 경계에 걸친 이해를 조정할 수 없다는 게 그 배경이다. 그러나 지방정부는 지역 및 주의 요구사항 부과에 저항하고 있다. 그 이유는 주정부와 지역의 관련 기구가 지방 현지의 필요와 요구사항을 정확하게 이해할 수 없으며, 커뮤니티 고유의 '생활의 질'을 유지하려는 커뮤니티의 노력을 무시하며 개발과정에 대한 다른 관료적 제동장치를 부과하기 때문이다.

이러한 정부간의 긴장은 개발과정에서 특별한 이익을 취하는 개발 수혜 집단과 개인들에 의해 조장되고 고조되고 있다. 주정부와 지역 관련

기구의 관여에 의해 추진되는 성장관리정책은 갈수록 새로운 개발기법을 도입하고 새로운 양상으로 발전하며 정부 내 관련 부서간의 역할분담을 새롭게 규정하고 있다.

성장관리가 미국 도시계획의 무대에 등장한 시기는 1960년대 말부터 1970년대 초 사이로 교외도시에서 주택건설을 억제해서 인구의 증가를 억제하기 위함이었다. 당시 성장관리는 개발의 양과 질에 더해서 그 속도를 규제한다는 점에서 새로웠으며 주택허가 수의 상한을 설정하는 정책이 성장관리의 대명사처럼 사용되었다. 그러나 주정부가 주도하는 성장관리와 중심도시의 성장관리가 발전하면서 정책의 방식 자체가 변했기 때문에 앞서 설명한 정의는 더 이상 성장관리의 특징을 정확하게 설명하지 못한다.

성장관리는 단지 성장의 억제정책이 아니다. 때로는 성장을 촉진하는 폭넓은 내용을 지니고 있다. 다시 말하면 성장관리는 단지 성장을 억제하는 전략만을 의미하는 것이 아니고 성장을 촉진하고 경제개발을 자극하면서 동시에 저가임대주택의 취득가능성을 높이는 전략을 의미한다.

결국 성장관리는 ① 도시 내의 일정 지역, 혹은 도시 전역, 또는 보다 광역적인 지역을 대상으로, ② 종합계획에 기초하고, ③ 그 계획의 일관된 수법을 통해 실현하며, ④ 개발의 억제와 유도 또는 개발에 수반하는 폐해를 방지하여, ⑤ 균형 있는 성장을 실현코자 하는 정책이다. 이것을 요약하면 종합계획에 기초한 균형 있는 도시의 성장을 실현하는 것이 성장관리라고 할 수 있다.

종합계획에 기초한 도시의 제어라는 원리는 도시계획이 탄생한 초기부터 제시된 것이다. 성장관리는 이 원리에 따라 '토지이용규제'와 '기반시설 정비'등의 수법을 '마스터플랜'에 입각하여 일관되게 집행함으로써 도시성장을 억제하고자 했다.

미국의 성장관리 정책을 오랫동안 연구해온 존 드 그로브(John DeGrove)가 관찰한 바와 같이 도시계획은 더 이상 토지와 관련한 다양한 정부정책이나 주민의 여론과 고립해서 집행될 수 없다. 성장관리 프로그램을 채택하는 주의 새로운 토지이용규제 관련 프로그램은 환경, 농업보전은 물론 경제, 주택, 기반시설망 정비 등 폭넓은 주제에 대해서 강조하고 있다.

이러한 경향을 고찰해보면 '성장관리 프로그램'의 출현은 도시계획의 지평을 넓히고, 정부와 시민에게 그들의 환경을 조성하는 유연한 수단을 제공한다는 점에서 미국 도시계획이 성숙한 단계에 도달했음을 보여주고 있다.

참고문헌

강동진. 2003, 「커뮤니티 형성을 위한 근린주구이론의 전개」, 대한국토도시
　　계획학회 편, 『서양도시계획사』, 보성각.
김철수. 2002, 『도시계획사』, 기문당.
김흥규. 2004, 「초기 미국도시계획의 경향」, 대한국토도시계획학회 편, 『서
　　양도시계획사』, 보성각.
서충원. 2003, 「도시개혁사조로서의 도시미화운동」, 대한국토도시계획학회
　　편, 『서양도시계획사』, 보성각.
윤정섭. 1987, 『도시계획사개론』, 문운당.
이규목. 1988, 『都市와 象徵』, 一志社.
조재성. 1996, 「현대 근린주구이론의 개척자: 페리·스타인·라이트」, ≪국토
　　정보≫, 국토개발연구원.
　　＿＿. 1997, 『도시계획-제도와규제-』, 박영률 출판사.
　　＿＿. 2002, 「미국의 토지이용규제와 조용한 혁명」, 『국토와 환경』, 한울아
　　카데미.
　　＿＿. 2004a, 「미국지역제의 출현과 발달」, 대한국토도시계획학회 편, 『서
　　양 도시계획사』, 보성각.
　　＿＿. 2004b, 「미국 근대도시계획제도 성립에 관한 연구-표준2법의 상호
　　관련성에 관한 연구-」, ≪국토계획≫ 제39권 1호.
피터 홀. 『내일의 도시-20세기 도시계획 지성사』(임창호 역), 도서출판 한울.

Babcock, Richard F. 1966, *The Zoning Game*, The University of Wisconsin
　　Press.
Bassett, Edward M. 1942, *Zoning*, Russell Sage Foundation, New York.
"Board of Estimate and Apportionment of the City of New York," 1913,
　　Report of the Heights of Building Commission.

Bosselman, Fred, and Callies, David L. 1971, T*he Quiet Revolution in Land Use Control*, Washington: Council on Environmental Quality

Buchsbaum, Peter A. and Smith, Larry J(eds.). 1993, *State & Regional Comprehensive Planning*, American Bar Association.

Burnham, Daniel H. and Bennett, Edward H(edited by Moore, Charles). 1993, *Plan of Chicago*, Chicago: Architectural Press.

Callies, David L. 1980, "The Quiet Revolution Revisted," *APA Journal*, April.

Charles, Haar M. 1955, "The Mater Plan: An Impermanent Constitution," *20 Law and Contemporary Problem*.

_____. 1955, "In Accordance with a Comprehensive Plan," *Harvard Law Review*, vol.68.

City of New York. 1916, *Building Zone Resolution*.

Cullingworth, J. Barry. 1993, *The Political Culture of Planing-American land use planning in comparative perspective-*, ROUTLEDGE.

_____. 1997, *Planning in the USA -policies, issues and process-*, ROUTLEDGE.

DeGrove, John M. and Metzger, Patricia M. 1993, "Growth Management and the Integrated Roles of State, Regional, and Local Government," in Stein, Jay M.(ed.), *Growth Management*, SAGE PUBLICATIONS.

Department of Commerce. 1924, *A Standard State Zoning Enabling Act*.

_____. 1928, *A Standard State Zoning Enabling Act*.

Diamond, Henry L. and Noonan, Patrick 7. 1996, *Land Use in America*, ISLAND PRESS.

Eisner, Gallion. 1975, *The Urban Pattern*, 4th edition, D Van Nostrand Company.

Fluck, Timothy A. 1986, *Euclid v. Ambler -A Retrospect-*, *APA Journal*, Summer.

Frelich, Robert H. 1999, *From Sprawl to Smart Growth*, American Bar Association.

Fulton, William. 1993, "Sliced on the Cutting Edge-Growth Management and Growth Control in California", *Growth management-The Planning Challenge of the 1990s-*, SAGE PUBLICATIONS.

Garrett, Martin A. 1987, *Land Use Regulation*, N.Y.: PRAGER.

Gerckens, Laurence Conway. 1988, "Historical Development of American City Planning," So, Frank S.(ed.), *The Practice of Local Government Planning*,

International City Management Association.

Hall, Peter. 1998, *Cities of Tomorrow*, Bassil Blackwell.

Howe, Deborah A. 1993, "Growth Management in Oregon," in Stein, Jay M.(ed.), *State and Regional Comprehensive Planning*, SAGE PUBLICATIONS.

Juergensmeyer, Julian Conrad and Roberts, Thomas E. 1998, *Land Use Planning and Control Law*, WEST GROUP.

Kaiser, Edward J. and Godschalk, David R. 1995, "Twentieth Century Land Use Planning A Stalwart Family Tree," *APA Journal*, Summer.

Kelly, Eric Damian. 1993, *Managing Community Growth*, Praeger Publishers.

Kent, T. J, Jr. 1990, *The Urban General Plan*, Planners Press.

Knack, Ruth, Meck, Stuart and Stollman, Israel. 1996, "The Real Story Behind the Standard Planning and Zoning Acts of the 1920s Land Use Law," 3-9, February, PRAEGER.

Loriff, Richard A. 1980, "NEPA-Where Have We Been and Where are We Going?" *APA Journal*, April.

Mandelker, Daniel R. 1978, "The Role of the Local Comprehensive Plan," *Management and Control of Growth*, vol.IV, Techniques in Application.

_____. 1980, "Symposium: Law and Planning in the Environmental Decade", *APA Journal*, April.

_____. 1997, *Land Use Law*, LEXIS Law Publishing.

Mandelker, Daniel R., Cunningham, Royer A. and Payne, John M. 1995, *Planning and Control of Land Development-Cases and Materials-*, 4th eds., Contemporary Legal Education Series.

Pelham, Thomas G. 1993, "The Florida Experience: Creating a State, Regional, and Local Comprehensive Planning Process," Buchsbaum, Peter A. and Smith, Larry J.(eds.), *State and Regional Comprehensive Planning*, American Bar Association.

Peterson, John A. 2003, *The Birth of City Planning in the United States, 1840-1917*, The Johns Hopkins University Press.

Popper, Frank J. 1988, "Understanding American Land Use Regulation Since 1970-A Revisionist Interpretation-," *APA Journal*, Summer.

Porter, Douglas R. 1992, "Introduction," *State and Regional Initiative For*

Managing Development, The Urban Land Institute.

Reiner, Edward N. 1975, "Traditional Zoning: Precursor to Managed Growth," *Management and Control of Growth*, vol.1, The Urban Land Institute.

Scott, Mel. 1971, *American City Planning Since*, University of California Press.

Smith, Marc T. 1993, "Evolution and Conflict in Growth Management," Stein, Jay M.(ed.), *Growth Management*, SAGE PUBLICATIONS.

So, Frank S. and Judith Getzels(eds.). 1988, *The Practice of Local Government Planning*, Washington: International City Management Association.

Stein, Jay M(eds.). 1993, *Growth Management-The planning Challenge of the 1990s-*, SAGE PUBLICATIONS.

Sullivan, Edward J. and Kressell, Laurence. 1975, "Twenty years After-Renewed Significance of the Comprehensive Plan Requirement," *Urban Law Annual*, vol.9, no.33.

Sutcliff, Anthony. 1981, *Towards the Planned City-Germany, Britain, the United States and France 1780-1914*, Oxford: Basil Blackwell.

Teitz, Michael B. 1996, "American Planning in the 1990s", *Urban Studies*, vol.33, no.4.

Toll, Seymour I. 1969, *Zoned American*, New York: Grossman Publishers.

Thomas, June M and Ritzdorf, Marsh. 1997, *Urban Planning and the African American Community*, SAGE Publications.

Village of Euclide, Ohio, Ordinance 2812. November 13, 1992, Section 3-10

Weitz, Jerry. 1999, "Sprawl Busting," *APA Journal*.

Wright, Richard R. and Gitelman, Morton. 2000, *Land Use in Nutshell*, West Group.

渡辺俊一. 1985, 『比較都市計劃序說—イギリス・アメリカの土地利用規制』, 三省堂.

찾아보기

(1)

1916년 뉴욕 시 종합지역제 조례 33,
    38~41, 92
1916년 조례 92
1916년 종합지역제 결의 32, 33, 35
    ~41, 64, 92
1928년 법 67, 69~71
1961년 조례 92

(ㄱ)

가로망 계획 20, 78
개발권 91, 96, 98, 105, 107, 134,
    135, 165
개발권 이양 91, 96, 98, 105, 107, 165
개발부담금 163, 164, 175, 177
개발비용 176
개발억제주의 64, 108
개발영향 부담금 165
개발영향세 182
개발의 시기 122, 128, 131, 156
개발통제기제 136
개발허가체계 179
건축물 높이에 관한 위원회 39
건축선 후퇴 36, 92, 93, 124
건축선 후퇴 방식 93
건축허가 117, 118, 120, 155, 173

건폐율 35
격자형 배치 17, 19, 20
결정권한 135
경찰권 45, 48~50, 62, 72, 101,
    113, 127, 132, 172, 173
계단형 건축물 93
계획된 도시화 지역 174
계획요소론 81
계획의무론 82
고도제한 33
공공불법행위 86
공업지역 41, 96, 108, 112
공원체계 25, 26
공정주택법 113
공중위생 23, 39
광역계획위원회 182
광역적 충격을 주는 개발 171, 172
광역적 편익 140
국가환경정책법 50, 133, 138, 141
규제와 계획 136
그랜드 센트럴 역 98
그린벨트 지대 165
근대 도시계획 123, 184, 185
근린주구이론 23, 188
기반시설 정비프로그램 75, 128, 148

(ㄴ)

난개발 42, 103, 110, 122, 145, 157,
    159, 165, 168, 178
놀란 111, 119, 120
농촌지역 125, 172, 174, 175, 179
누적적 규제 164
뉴욕시립예술회 24

(ㄷ)

다니엘 번햄 25
단계적 프로그램 131
단일적 관점 79, 80, 81
단편적 규제론 83
대기청정법 138
대체론 79, 81
도시 스프롤 103, 164
도시개발 26, 28, 99, 135, 148, 166,
    171
도시계획 3~5, 15, 17, 18, 20, 23,
    25, 26, 28~35, 40, 42, 44, 46~
    53, 57, 61, 63, 64, 66, 70~79,
    81~83, 87~89, 94
도시계획위원회 29, 53, 67, 70, 71,
    73, 76~78, 94, 117, 118, 123,
    124
도시계획의 광역화 135, 137
도시계획의 중앙화 135, 137
도시계획의 탄생 1, 17, 29
도시문제 21
도시미화운동 18, 23, 24, 25, 28, 29,
    30, 188
도시서비스 경계 164, 165
도시종합계획 71, 73, 77, 79, 82, 88
도시화 174

도시화된 지역 174
독일의 지역제 33
돌란 111, 117, 118, 119
동등보호조항 84

(ㄹ)

라마포 111, 127~129, 131, 132,
    133, 156, 157, 173
라마포 프로그램 127~129, 131,
    132, 156
랑팡 20, 26
랜드마크 98
루카스 111, 115, 116

(ㅁ)

마스터 플랜 72, 75, 76, 78, 81~83,
    85, 86, 87, 88, 123, 133, 136,
    184, 186
마운트 로렐 사건 I 112, 113
마운트 로렐 사건 II 113
맨해튼 35, 37, 40, 42, 51, 127
멸종위기의 종에 관한 법 138, 139
모델 도시계획법 140
모라토리움 131, 155, 159
목적수단설 82
미국도시계획협회 18
미국독립 100주년 기념 18
미드타운 특별지구 106

(ㅂ)

바우마이스터 35

배타적 용도지역제 111
배타적 지역제 109, 110, 113, 142
배타적인 주거지역 36
버지스 23
법안 250 179~182
베이비전 2020 178
보너스 제도 91
보셀만과 칼리 166
보자르 식 24
부동산의 수용 48, 120
부분적 규제론 86
부분적 지역제 84
부정적 외부효과 86, 111, 115
부지주의 64, 109
비유클리드 지역제 105, 106, 108

(ㅅ)

사전 확정성 105, 108
사전확정주의 64, 108
사회개혁 23
사회복지 28
사회정의 28, 151, 184
상업지역 47, 92, 93, 96, 114, 177
상원헌장 10 167, 168
상원헌장 100 168
샌프란시스코 연안보전과 개발위원회
    126, 127
생활의 질 145, 146, 185
성장관리 프로그램 131, 139~141,
    144, 145
성장관리법 183
성장관리의 제1물결 137
성장관리의 제2물결 141, 142, 183
성장관리전략 3, 121, 122, 142, 151
성장률 121, 131, 132, 142, 151,

152, 154, 156, 159, 160
성장형태 121, 149
소극적 규제 92
수용 46, 48, 98, 107, 111, 115, 116,
    118~120
수용권 98
수질청정법 138, 139, 149, 171
수평적 합치성 82, 83
습지, 해안선, 항해수로, 희귀종
    보존법안 127
시립예술운동 18, 23, 24
시카고 계획 25, 26
신고전주의 28

(ㅇ)

아디케스 35
아름다운 도시만들기 운동 24
안전한 식수에 관한 법 138
앰블러 부동산회사 58, 59, 61
양 해안 주도 경제 144
양대 표준법 47, 48, 69, 72, 74, 78
    ~80, 82, 83, 86, 87, 88
에드워드 바세트 35, 44, 47, 48
역사지구 보전 98
연상면적 93~97
연안지역관리법 138, 139
열기식규제주의 108
요소성 82
용도순화주의 65, 109
용도지역도 69
용도지역제 39~48, 50, 54, 56~59,
    61~64, 67~70, 72~74, 77~
    88, 91~93, 95, 96, 99, 100, 105,
    108, 111, 115, 122
용도지역제 조례 39, 40, 42, 45, 54,

56~59, 61, 68~70, 78, 79, 81,
84, 85, 87, 93, 100, 111, 125,
126, 128, 136
용도지역지구계획 36, 68
용도지역지구제 39, 45, 95
용적률 93~98, 105, 106, 107
워싱턴 계획 20
윌리암 펜 19
유연적 지역제 32, 91, 105, 108
유연한 용도지역제 165
유클리드 마을 43, 58, 59, 61~63,
72
유클리드 사건 39, 58
이쿼터블 빌딩 37
인구집중 21, 23, 46
인센티브 조닝 91
인센티브 지역제 96, 97, 105, 106,
107
일률적 높이규제 방식 93
일치성 51, 74, 79, 80, 82, 84, 87,
88, 127, 161, 184
임대료 22
임시조례론 83, 85
임차인 주택위원회 22

(ㅈ)

자치체 개혁운동 18
재량적 개발규제 136, 137
재산권 46, 61, 107, 111, 115, 141,
184
재정적 갈등 165
저가 임대주택 145, 146, 184
적극적 규제 92
적중주의 64, 108
전체지역론 83, 84

점수에 기반한 허가제 165
점적 지역제 50
제1차 도시계획 전국회의 29, 35
제2차 도시계획 전국회의 30
제2차 도시계획과 인구과밀회의 30
제3차 도시계획 전국회의 30
제5차 수정조항 115
제너럴플랜 83
제안 13 175
제임스 맥밀란 26
젠트리피케이션 114
조닝 스킴 80, 83
조닝 플랜 69, 73, 76, 77, 78, 81, 83
조망권 119
조용한 혁명 125, 133~138, 140~
142, 145, 166, 179
조지 케슬러 25
종합계획 18, 24~26, 28~31, 46,
51, 66, 68~75, 77~84, 86~88,
103, 104, 113, 117, 131, 136,
137, 146~149, 153, 160, 161,
167, 168, 170, 172, 173, 186
종합도시계획 67
종합성 84~86
종합지역제 32, 40, 82
주거지 개발규제 프로그램 131, 132
주거지성장관리계획 131
주거지역 36, 43, 47, 59, 61, 65, 96,
112, 128
주종합계획 171
주종합계획법 160, 171
주택법 23, 40, 71, 113
중요한 관심지역 140
지방 간 갈등 164
지방이익중심주의 65, 109
지방정부종합계획법 160, 172
지방중심적 58, 86, 178
지역계획위원회 171, 172

지역권 117, 118, 119, 120
지역제 3, 4, 29, 32~59, 61~70, 72
    ~74, 76~81
지역제위원회 29, 49, 53, 54, 76
지역제규제 68, 77, 86
지역제조정위원회 49, 54, 55, 124
지역지구제 조례 39
지자체 개혁 23

(ㅊ)

차별적 건축규제 36
천공노출면 95

(ㅋ)

캘리포니아 해안법 176
캘리포니아 해안위원회 119
쾌적성 73, 91, 92, 96, 97, 101, 105,
    173

(ㅌ)

택지분할계획 35, 36, 121
택지분할규제 73, 78, 96, 101, 103,
    104, 125, 128, 129, 151, 152
토지 가용용량계획 180
토지보전과 개발위원회 168
토지분할 101, 103
토지이득세 181
토지이용규제 32, 33, 37, 39, 51, 53,
    67, 72, 73, 83, 92, 97, 105, 110,
    111, 113, 122~125, 127, 129,
    133~141, 143, 154, 170, 175,

    186, 187, 188
토지이용규제의 조용한 혁명 125, 13
    3~135, 137, 138
토지이용의 재정화 175, 176, 178
토지이용조정국 170
토지이용통제 101
투표함 지역제 177
특별 극장지구 106
특별지구 94, 95, 105, 106
특별지구 보너스 94

(ㅍ)

페리 188
페탈루마 111, 131~133, 159, 160,
    173
페탈루마 계획 131
페탈루마 프로그램 131~133, 159,
    160
표준도시계획법 66~68, 73~79, 87
표준도시계획수권법 43, 47, 61, 77,
    83, 87, 123
표준주도시계획수권법 47, 48, 66,
    67, 68, 72~74, 76, 77, 81, 103
표준주지역제수권법 44~50, 52, 54,
    56, 57, 68, 72, 74, 77, 79, 80,
    82, 83, 85, 86, 123, 136
표준지역제법 54, 74, 77, 78, 81
프랑크푸르트 시 35
프레드릭 옴스테드 24, 25
플라자 보너스 94
필라델피아 17~21, 30, 111

(ㅎ)

하층계급　22
합당한 절차이행　84
합헌성　32, 39, 42, 56, 58, 63, 111,
　　141
해안선관리법　115
해안지대관리법　168

현대 도시계획　184
혼합지역제　114
환경보호를 위한 토지와 수질관리법
　　171
환경영향평가　136, 138
환경의 10년　137
환경의 질에 관한 위원회　138

지은이 **조재성**

서울대학교 공과대학 건축학과 졸업
서울대학교 도시공학과 공학석사
서울대학교 도시계획박사
영국 석세스 대학 Post-Doc., 미국 미시간 주립대학 교환교수
현재 원광대학교 교수
      대한국토도시계획학회 학회지 편집위원·학술위원
      경제정의실천운동연합 도시개혁센터 전문위원
      주거복지연대 전문위원, 개발협의체 연구위원
      전라북도 도시계획위원, 전라북도건설심의위원
      플래너스 포럼 공동운영

주요 저서 및 논문
『도시계획: 제도와 규제』, 『서양도시계획사』, 『도시계획의 새로운 패러다임』,
「미국 근대도시계획제도 성립에 관한 연구」, 「도시난개발에 관한 연구」,
「중소도시 공간구조에 관한 연구」 외 다수

한울아카데미 687

미국의 도시계획
도시계획의 탄생에서 성장관리전략까지

ⓒ 조재성, 2004

지은이 | 조재성
펴낸이 | 김종수
펴낸곳 | 도서출판 한울

초판 1쇄 발행 | 2004년 9월 15일
초판 3쇄 발행 | 2013년 9월 5일

주소 | 413-756 경기도 파주시 파주출판도시 광인사길 153(문발동 507-14)
　　　한울시소빌딩 3층
전화 | 031-955-0655
팩스 | 031-955-0656
홈페이지 | www.hanulbooks.co.kr
등록번호 | 제406-2003-000051호

Printed in Korea.
ISBN 978-89-460-4749-5　93980

* 가격은 겉표지에 표시되어 있습니다.